本书获得北京市知识管理研究基地资助

经济管理学术文库 · 管理类

城市生活垃圾分类与资源化利用协同治理研究

Research on Synergistic Governance of Urban Household Waste Classification and Resource Utilization

徐颖　王栋／著

经济管理出版社
ECONOMY & MANAGEMENT PUBLISHING HOUSE

图书在版编目（CIP）数据

城市生活垃圾分类与资源化利用协同治理研究 / 徐颖，王栋著. -- 北京 : 经济管理出版社，2024.
ISBN 978-7-5243-0009-0

Ⅰ. X799.305

中国国家版本馆 CIP 数据核字第 20246TP679 号

组稿编辑：付姝怡
责任编辑：杨　雪
助理编辑：付姝怡
责任印制：张莉琼
责任校对：王纪慧

出版发行：经济管理出版社
（北京市海淀区北蜂窝 8 号中雅大厦 A 座 11 层　100038）
网　　址：www.E-mp.com.cn
电　　话：（010）51915602
印　　刷：唐山玺诚印务有限公司
经　　销：新华书店
开　　本：720mm×1000mm/16
印　　张：12
字　　数：202 千字
版　　次：2024 年 12 月第 1 版　　2024 年 12 月第 1 次印刷
书　　号：ISBN 978-7-5243-0009-0
定　　价：88.00 元

前　言

党的十八大以来，生态文明建设上升到了“五位一体”的高度，推进经济社会发展绿色转型越来越受到党和国家的重视。党的二十大报告进一步提出，要“实施全面节约战略，推进各类资源节约集约利用，加快构建废弃物循环利用体系”。为实施这一战略，要“加快推动产业结构、能源结构、交通运输结构等调整优化”，“完善支持绿色发展的财税、金融、投资、价格政策和标准体系，发展绿色低碳产业，健全资源环境要素市场化配置体系”，“深入推进环境污染防治”。也就是说，在今后的生态环境保护工作中，要大力发展资源化产品产业，运用市场经济政策的激励功能发挥市场引导作用实施综合治理。而城市生活垃圾治理就是深入推进环境污染防治攻坚战的重要一环。

城市生活垃圾治理是一个系统工程，需要从源头管控、分类收运、资源化利用等各个环节入手，只有通过系统化、全程化的综合管理，才能真正破解城市生活垃圾治理难题。城市生活垃圾治理包括分类投放、分类收集、分类运输和资源化处理四个关键环节。其中，前端分类投放和后端资源化处理是最关键的环节。前端分类投放关系到垃圾分类的成效，而后端资源化处理则决定了垃圾的最终去向和利用价值，这两个环节是相互制约、相互促进的。只有在前端实现垃圾分类投放的基础上，才能为后端的资源化利用创造条件，而后端的资源化处理水平又反过来影响到前端分类投放的意愿和效果。因此，必须将这两个环节有机结合，协同推进，形成闭环管理，才能从根本上破解城市生活垃圾治理难题，实现经济效益、社会效益和生态效益的协调统一。只有通过系统化、全程化的综合治理，才能真正推动城市生活垃圾治理取得实效，为建设美丽中国贡献应有力量。

本书为全面贯彻落实党中央、国务院提出的环境污染防治和生活垃圾治理要求，以城市生活垃圾为研究对象，从理论和实证两个层面系统地探讨了城市生活垃圾分类与资源化利用的协同治理问题。在理论层面，综合运用了协同治理、循环经济、期权理论、博弈论等多种理论，构建了系统的分析框架。在实证分析方面，运用 EKC 模型、实物期权模型、Stackerlberg 博弈模型、系统动力学模型等，针对垃圾分类效果、PPP 模式下的收益分配和风险分担、资源化产品定价策略、政府决策等关键问题进行了深入研究。在此基础上，针对垃圾分类、PPP 模式、资源化产品定价、政府决策等关键环节，提出了具有针对性和可操作性的对策建议。本书旨在建立政府推动并主导的经济利益驱动、市场机制运作、社会主体广泛参与的垃圾治理模式和有效的治理机制，系统研究城市生活垃圾分类和资源化利用的协同治理，为京津冀地区，尤其是北京市生活垃圾协同治理提供一个崭新的思路和完整的研究框架。

目　录

第1章　研究背景和研究内容

1.1　研究背景

习近平总书记指出，中国已经开启全面建设社会主义现代化国家新征程。要按照高质量发展的要求，统筹推进“五位一体”总体布局，即经济建设、政治建设、文化建设、社会建设、生态文明建设；加快发展方式绿色转型，深入打好污染防治攻坚战，持续改善生态环境质量。所谓生态文明建设就是建设一种既能保护生态环境又能促进经济发展的产业结构和生产消费方式。其中，固体废弃物的防治是生态文明建设能否顺利推进的关键，而固体废弃物中的城市生活垃圾因其影响范围广、数量庞大，是固体废弃物防治的重点和难点。城市生活垃圾能否得到妥善治理关乎人民群众的幸福感、获得感和安全感。

面对日益突出的垃圾问题，党和国家给予了高度重视，并做出了重大战略部署。早在2016年12月，习近平总书记在中央财经领导小组第十四次会议上，就把垃圾问题定性为重大民生问题，提出“要加快建立分类投放、分类收集、分类运输、分类处理的垃圾处理系统，形成以法治为基础、政府推动、全民参与、城乡统筹、因地制宜的垃圾分类制度”，把实现减量化、资源化、无害化垃圾治理目标（以下简称“‘三化’目标”）上升到国家战略高度。“十四五”规划再次提出，生态文明建设实现新进步，具体表现在国土空间开发保护格局得到优化，生产生活方式绿色转型成效显著，能源资源配置更加合理、利用效率大幅提高，主要污染物排放总量持续减少，生态环境持续改善，生态安全屏障更加牢固，城乡人居环境明显改善。党的二十大提出，要推进各类资源节约集约利用，加快构建废弃物循环利用体系，加强污染物协同控制，深入推进环境污染防治。建立和完善生活垃圾资源化体系实现“三化”目标，对资源的合理利用、城市的可持续发展、居民生活质量提高具有重要意义。

为了贯彻实施党中央提出的废弃物治理目标战略，实现“十四五”规划的新要求和新目标，需要在完善法律法规与体系和管理制度的前提下，政府、社会和公众三方共同参与，遵循“创新、协调、绿色、开放、共享”五大发展理念和“经济、政治、文化、社会、生态文明”五位一体的发展要求，实现城市生活垃圾前端减量、后端资源化处理和处置无害化，将其变废为宝，真正意义上实现“三化”目标，从而加快城市生态文明的建设，改善居民的生活环境。

近几年，国家越来越重视环境污染防治。2021 年，《中共中央　国务院关于深入打好污染防治攻坚战的意见》《国务院关于加快建立健全绿色低碳循环发展经济体系的指导意见》《“十四五”城镇污水处理及资源化利用发展规划》《“十四五”城镇生活垃圾分类和处理设施发展规划》等生态环境保护法规政策相继颁布实施，为形成绿色生产生活方式、城市垃圾资源化利用作了重要部署。2022 年，《关于加快废旧物资循环利用体系建设的指导意见》（发改环资〔2022〕109 号）提出，到 2025 年，废旧物资循环利用政策体系进一步完善，资源循环利用水平进一步提升。废旧物资回收网络体系基本建立，建成绿色分拣中心 1000 个以上。再生资源加工利用行业“散乱污”状况明显改观，集聚化、规模化、规范化、信息化水平大幅提升。废钢铁、废铜、废铝、废铅、废锌、废纸、废塑料、废橡胶、废玻璃等 9 种主要再生资源循环利用量达到 4.5 亿吨。二手商品流通秩序和交易行为更加规范，交易规模明显提升。60 个左右大中城市率先建成基本完善的废旧物资循环利用体系。

2024 年以来，国家进一步加大了对生活垃圾分类和资源化利用的政策支持力度。2024 年 1 月 5 日，国务院通过《碳排放权交易管理暂行条例》；2024 年

1 月 24 日，生态环境部办公厅印发《固体废物污染环境防治信息发布指南》。2024 年 2 月 5 日，住房和城乡建设部办公厅发布国家标准《生活垃圾处理产业园区技术要求（修订征求意见稿）》；这些举措都彰显了国家在环境治理领域的决心和行动力。

由此，为全面贯彻落实习近平总书记提出的京津冀协同发展和生活垃圾治理要求，需要以建立生活垃圾协同治理机制为抓手，寻找生活垃圾有效治理的突破口和关键点，建立多主体、多策略的垃圾协同治理分析架构，为京津冀地区，尤其是北京市生活垃圾协同治理提供一个崭新的思路和完整的研究框架。同时，完善垃圾协同治理的方法论，把垃圾协同治理研究从定性分析扩展到定量分析层面，为跨域大城市的垃圾资源化、减量化和循环利用提供理论依据。此外，需要在新发展理念指导下，按照“五位一体”发展要求，以垃圾分类和垃圾污染问题的成因剖析为入手点，以建立政府推动并主导的经济利益驱动、市场机制运作、区域产业平台支撑、社会主体广泛参与的垃圾治理模式和有效的治理机制为手段，实现垃圾协同治理效应，提高垃圾治理效率，解决生活垃圾分类和垃圾污染问题，促进经济、社会、环境持续健康发展。

1.2　研究内容

城市生活垃圾产生量大、处理流程复杂，对环境造成极大损害，是环境恶化的重要原因之一，也是我们建设环境友好型社会与城市必须面对和解决的问题。城市垃圾分类与资源化利用协同治理是解决这一问题的重要途径。本书全面分析城市生活垃圾分类与资源化利用的现状及其对城市环境经济发展的影响，主体框架分为五个部分：

一是以首批 8 个垃圾分类试点城市为研究对象，构建环境库兹涅茨曲线（EKC）模型分析垃圾分类与城市环境经济发展的关系，分析垃圾分类视角下城市环境与经济发展的相互关系，检验首批试点城市垃圾分类的效果。之后以北京市为研究对象，以 EKC 模型为理论基础，对北京市 16 个区 2009~2022 年的面板数据进行实证研究；同时分析北京市各区生活垃圾产生量与人均 GDP 之间的 EKC 曲线形状，为制定因地制宜的生活垃圾管理政策提供依据。在此基础上，本书还纳入了京津冀地区的情况。其中，天津市在政策执行和公众参与方面有其独特路径，而河北省则面临城乡差异带来的挑战，这使该区域的研究更加全面。本书通过对比不同城市和区域的情况，为京津冀地区及其他地区提供了有价值的参考，助力区域生活垃圾管理政策的有效制定与实施。

二是运用实物期权方法研究垃圾分类治理 PPP 模式下的收益分配和风险分担，以北京市某垃圾处理 PPP 项目为例进行实证分析，探寻不同风险因素下政府与社会企业收益和风险的变化规律。这为政府和社会企业在 PPP 模式下的收益分配和风险分担提供了理论依据，有助于吸引更多社会资本参与城市生活垃圾处理领域。

三是揭示碳排放权交易机制对资源化产业运作的影响，为生产商在碳排放权交易机制下的资源化产品生产和定价决策提供参考依据，促进资源化回收利用企业取得较高的经济效益，助力国家尽快实现生活垃圾减量化、资源化目标。同时，促进企业加强碳排放管理，减少碳排放，进而推动国家碳减排目标的实现。

四是依据 Stackerlberg 博弈理论，综合考虑垃圾资源化产品的社会效益与环境效益，将政府补贴作为决策核心变量，构建政府、生产企业和消费者的三阶段博弈，采用逆向求解法求得社会福利最大化条件下政府最优补贴决策和各参与主体的最优决策，为政府制定资源化产品补贴政策提供了理论依据，有助于提高城市生活垃圾资源化利用水平。

五是以北京市生活垃圾为研究对象，运用系统动力学研究方法，构建北京市生活垃圾分类和资源化利用协同治理系统动力学模型，利用 Vensim 软件进行政策仿真模拟，定量分析环境承载能力和废弃物管理法律系统动力因素对系统运行的驱动效果，为提高城市垃圾协同治理水平提供参考依据。

在前述分析基础上，本书对城市垃圾分类、城市垃圾分类 PPP 运作模式、碳排放权交易机制下资源化产品定价策略、城市垃圾资源化政府决策、城市垃圾分类与利用协同治理，分别提出了相应的对策建议。

第2章　城市生活垃圾分类排放效果分析

城市生活垃圾，是指在城市日常生活中或者为城市日常生活提供服务的活动中产生的固体废弃物以及法律、行政法规规定视为城市生活垃圾的固体废弃物。城市生活垃圾来源广泛，主要包括居民生活垃圾、企事业单位垃圾、公共场所垃圾、集市贸易与商业垃圾等。在我国，广义上，生活垃圾被分为三大类：有机物（植物、动物）、无机物（灰土、砖瓦等）、可回收物。其中可回收物指适宜回收利用和资源化利用的低值废弃物，包括废纸、废弃塑料瓶、废金属、废包装物、废旧纺织物、废弃电器电子产品、废玻璃、废纸塑铝复合包装等。根据我国的《生活垃圾分类标志》（GB/T 19095-2019），可回收物主要分为金属、纸类、织物、玻璃和塑料五大类。

2000年6月1日，建设部城市建设司发布了《关于公布生活垃圾分类收集试点城市的通知》（建城环〔2000〕12号），要求北京、上海、广州、深圳、杭州、厦门、桂林、南京8个试点城市进行生活垃圾分类。2014年3月，住房和城乡建设部会同国家发展改革委、财政部等部门印发《关于开展生活垃圾分类示范城市（区）工作的通知》，要求在全国范围内推进垃圾分类试点城市工作。2017年3月，《国务院办公厅关于转发国家发展改革委住房城乡建设部生活垃圾分类制度实施方案的通知》（国办发〔2017〕26号）[①] 对推进生活垃圾强制分类

① 本书的一些文件虽已废止，但在其生效期间发挥了重要作用，所以笔者在文中仍然提及。

工作进行了全面部署，明确全国46个重点城市作为强制垃圾分类的试点。2019年4月，住房和城乡建设部等9部门联合发布《关于在全国地级及以上城市全面开展生活垃圾分类工作的通知》，要求自2019年起在全国地级及以上城市全面启动生活垃圾分类工作。2020年11月，住房和城乡建设部等12部门印发《关于进一步推进生活垃圾分类工作的若干意见》，明确要求源头减量，建立分类投放、分类收集、分类运输、分类处理的全链条垃圾分类模式。2024年5月，住房和城乡建设部会同中央社会工作部、国管局、共青团中央、全国妇联联合印发《关于推动生活垃圾分类志愿服务发展的意见》，以促进垃圾分类志愿服务制度化、规范化、常态化，助力美丽中国建设。

在完善生活垃圾分类标准方面，北京市和上海市走在全国前列。2012年3月1日起，《北京市生活垃圾管理条例》正式实施，并于2019年9月修订新版。该条例为北京市生活垃圾的管理提供了法律依据，促进了生活垃圾的减量化、资源化和无害化，并通过法治化、常态化、系统化的管理，推动了垃圾分类步入规范化、科学化、法治化轨道。2014年2月，上海市人民政府公布了《上海市促进生活垃圾分类减量办法》，旨在依法推进垃圾分类减量工作，解决生活垃圾清运量逐年递增和处理压力剧增的问题。该办法将垃圾分类减量工作纳入了依法推进的轨道，通过制定配套性文件和标准，以及建立投诉和举报机制，确保垃圾分类减量工作的有效实施。2021年5月，国家发展改革委、住房和城乡建设部印发《“十四五”城镇生活垃圾分类和处理设施发展规划》。该规划提出了明确的城市垃圾分类总体目标：到2025年底，直辖市、省会城市和计划单列市等46个重点城市生活垃圾分类和处理能力进一步提升；地级城市因地制宜基本建成生活垃圾分类和处理系统；京津冀及周边、长三角、粤港澳大湾区、长江经济带、黄河流域、生态文明试验区具备条件的县城基本建成生活垃圾分类和处理系统；鼓励其他地区积极提升垃圾分类和处理设施覆盖水平；支持建制镇加快补齐生活垃圾收集、转运、无害化处理设施短板。2024年4月，为进一步引导公众参与生活垃圾分类工作，助推生活垃圾分类工作提质增效，上海市生活垃圾分类减量推进工作联席会议办公室制定了《上海市2024年生活垃圾分类宣传活动工作方案》。

从2000年首批城市垃圾分类试点到现在已经过去了20多年，需要检验首批

8个分类城市的垃圾分类效果。此外，北京市作为首批垃圾分类试点城市，以及首批建成的垃圾分类处理系统的重点城市，也需要验证垃圾分类效果。同时，本章聚焦京津冀地区的垃圾管理。天津市在政策执行和公众参与方面有其独特路径，而河北省则面临城乡差异带来的挑战。通过对京津冀地区的综合研究，可以全面了解垃圾分类政策在不同城市的实施效果，为其他地区提供了宝贵参考，助力未来垃圾治理的高效和可持续发展。

2.1 生活垃圾分类试点城市的垃圾排放效果检验

本部分基于垃圾分类视角，实证分析生活垃圾清运量与经济增长的EKC模型，探究城市环境与经济发展的动态变化规律。

国内外学者对EKC模型进行了广泛而深入的研究。国外研究方面，Bao和Lu（2023）对欧洲27个国家2010~2019年的数据进行实证研究，发现建筑垃圾产生量与人均GDP呈现显著的倒U型EKC关系。Boubellouta和Kusch-Brandt（2021）探讨了电器废弃物产生与经济发展之间的环境库兹涅茨曲线关系。国内研究方面，从被解释变量的研究方向来看，刘远书等（2020）选取了工业废水排放量、工业COD排放量、工业氨氮排放量为研究变量，许华和王莹（2021）聚焦于碳排放量的EKC曲线分析。从被解释变量的研究范围来看，崔铁宁和王丽娜（2018）建立了全国除西藏外的30个省份的EKC模型，陈晓清等（2021）以宁夏为例定量分析其EKC曲线形成机制。研究方向多集中于水污染、空气污染的相关实证分析，涉及城市生活垃圾的较少；研究范围以全国和单个城市为主，城市功能群分析较少。

本部分以首批参与城市垃圾分类的8个试点城市作为研究对象，构建人均生活垃圾排放量与人均GDP环境库兹涅茨曲线模型，分析模型中EKC曲线形态，检验垃圾分类视角下城市环境与经济发展的关系。

2.1.1 模型与方法

选择环境库兹涅茨曲线模型研究环境质量与人均收入之间的关系，以此揭示环境质量与经济发展之间的动态演变规律。

2.1.1.1 模型构建

EKC曲线自提出以来，国内外学者根据一般模型衍生出了多种简化模型，一般实证分析多使用可行性较强的简化模型。

EKC曲线一般模型形式为：

$$Y=\alpha+\beta_1X+\beta_2X^2+\beta_3X^3+\beta_4Z+\varepsilon \tag{2-1}$$

而在实际模型的构建中，大多使用如下三种简化模型：

$$Y=\alpha+\beta_1X+\beta_2X^2+\beta_3X^3+\varepsilon \tag{2-2}$$

$$Y=\alpha+\beta_1X+\beta_2X^2+\varepsilon \tag{2-3}$$

$$Y=\alpha e^{\beta_1X} \tag{2-4}$$

式（2-1）中，X为经济发展指标，Y为环境相关指标，α为常数，β_1、β_2、β_3、β_4为模型的估计系数，Z为除解释变量外影响被解释变量的其他因素，ε为误差项。简化的三种模型依次为三次曲线、二次曲线、线性，其中式（2-2）、式（2-3）中各系数与式（2-1）的释义相同，式（2-4）中的α、β均为估计系数。

2.1.1.2 指标选取与数据来源

环境库兹涅茨曲线模型中涉及两个指标：环境质量指标和经济发展指标。本部分选取人均生活垃圾清运量（HR）作为环境质量指标，选取人均GDP用作经济发展指标。我国城市生活垃圾管理已经实现规模化集中处理，因此人均生活垃圾清运量可以较好地代表城市生活垃圾的实际产生量，能够较为准确地反映城市环境质量的变化情况。与此同时，人均GDP作为经济发展水平的代表性指标，也是构建EKC曲线的常用选择。

本部分研究对象为2000~2023年首批生活垃圾分类试点的8个城市，即北京、上海、南京、杭州、桂林、广州、深圳、厦门，这些城市经济均较为发达，因此可使用人均GDP作为经济发展指标。同时，为了解决可能存在的异方差问题，将对各变量取对数处理。

上述城市生活垃圾清运量、常住人口、人均 GDP 数据均来源于各市历年统计年鉴或环境统计年鉴。

2.1.1.3　数据处理

在模型拟合前，为定量描述两个变量间相关的方向和密切程度，需对各个城市的人均生活垃圾清运量与人均 GDP 进行 Person 相关检验。本部分数据在 0.01 置信水平下，变量之间均存在显著相关性，说明两者拟合较好。

为了更深入地分析不同城市的环境库兹涅茨曲线特征，本部分使用 Stata 17 统计分析软件对 8 个首批垃圾分类试点城市进行模型数据拟合，比较每个城市在三种模型下的拟合度及参数检验显著性。其中，拟合度主要通过判断 R^2 指标来评估，R^2 越接近 1 表示回归模型对观测值的拟合程度越高，解释变量对被解释变量的解释越充分。一般来说，R^2 在 70%以上就可以被视为较高拟合度。选择通过参数显著性检验且拟合度最高的模型，作为该城市 EKC 曲线的最终表达形式。这样不仅可以确保模型的可靠性，也能更好地反映不同城市在经济发展与环境质量关系上的差异。

根据模型中估计系数的不同，EKC 曲线呈现单调递增、单调递减、倒 U 型、U 型、N 型、倒 N 型等不同类型，如表 2-1 所示。

表 2-1　模型参数值与曲线形状

参数值	Y 值变化	曲线形状	曲线关系	拐点
$\beta_1=\beta_2=\beta_3=0$	常数	无	无关	无
$\beta_1>0$，$\beta_2=\beta_3=0$	单调递增	曲线	一次曲线关系	无
$\beta_1<0$，$\beta_2=\beta_3=0$	单调递减	曲线	一次曲线关系	无
$\beta_1>0$，$\beta_2<0$，$\beta_3=0$	先增后减	倒 U 型	二次曲线关系	$Y^*=-\beta_1/2\beta_2$
$\beta_1>0$，$\beta_2>0$，$\beta_3=0$	先减后增	U 型	二次曲线关系	$Y^*=-\beta_1/2\beta_2$
$\beta_1>0$，$\beta_2<0$，$\beta_3>0$	增加—减少—增加	N 型	三次曲线关系	$3\beta_2(Y)^2+2\beta_2(Y)+\beta_1=0$
$\beta_1<0$，$\beta_2>0$，$\beta_3<0$	减少—增加—减少	倒 N 型	三次曲线关系	$3\beta_2(Y)^2+2\beta_2(Y)+\beta_1=0$

2.1.2　EKC 模型实证分析

对 8 个城市的人均生活垃圾清运量与人均 GDP 进行曲线估计，从三次曲线、二次曲线、指数曲线中选取最贴切的拟合估计结果，最终得到 8 个城市的回归结果如表 2-2 所示。

表 2-2　城市人均生活垃圾清运量与人均 GDP 模型估计结果

城市 变量	(1) 北京市	(2) 上海市	(3) 广州市	(4) 深圳市	(5) 杭州市	(6) 南京市	(7) 厦门市	(8) 桂林市
$LnGDP^3$	-0.189* (-1.81)	0.453*** (4.19)	0.639*** (4.28)	0.969*** (4.78)	-0.260* (-2.07)	0.159* (1.94)	-0.641*** (-4.44)	
$LnGDP^2$	1.219* (1.95)	-2.480*** (-3.74)	-3.757*** (-4.38)	-6.736*** (-5.26)	1.585** (2.30)	-0.792* (-1.79)	3.698*** (4.64)	0.313*** (5.75)
LnGDP	-2.419* (-2.05)	4.150*** (3.20)	7.206*** (4.60)	15.404*** (5.92)	-2.719** (-2.28)	1.412* (1.90)	-6.413*** (-4.59)	0.031 (0.43)
R^2	0.306	0.740	0.746	0.892	0.821	0.796	0.848	0.928
Observations	24	24	24	24	24	24	24	24
曲线形状	倒 N 型	N 型	N 型	N 型	倒 N 型	N 型	倒 N 型	U 型

注：括号内为 t 统计量；*** 表示在 1%的水平上显著，** 表示在 5%的水平上显著，* 表示在 10%的水平上显著。

从表 2-2 中可以看出，上海、广州、深圳、杭州、南京、厦门、桂林均通过了 R^2 检验且变量系数显著，北京市则拟合程度较低。从 EKC 曲线形状来看，这些城市的人均生活垃圾清运量与人均 GDP 之间的关系呈现三种不同的曲线特征：倒 N 型的 EKC 曲线表明，在较低的经济发展水平下，人均生活垃圾清运量随人均 GDP 的增加，先减少后增加，但当人均 GDP 达到一定水平后，环境质量开始随经济增长而改善。N 型 EKC 曲线意味着城市在初期经济发展阶段，环境质量随人均 GDP 增加而恶化，到达一定临界点后开始改善，但随着经济进一步发展，又陷入恶化的境地。而 U 型的 EKC 曲线特征则表明，人均生活垃圾清运量先随人均 GDP 上升而降低，之后又随着经济水平的进一步提高而上升。

根据城市人口规模的划分标准，以 2000 年城市人口规模为划分依据，常住人口在 100 万~1000 万人的设定为特大城市，1000 万人以上的为超大城市。其中，超大城市包括北京和上海，特大型城市包括广州、深圳、杭州、南京、厦门和桂林。

(1) 超大城市的 EKC 曲线特征

北京市和上海市在垃圾分类政策实行初期常住人口分别为 1364 万人和 1609 万人，达到了超大城市标准。基于前文的分析，绘制北京和上海的 EKC 拟合曲线，如图 2-1 和图 2-2 所示。

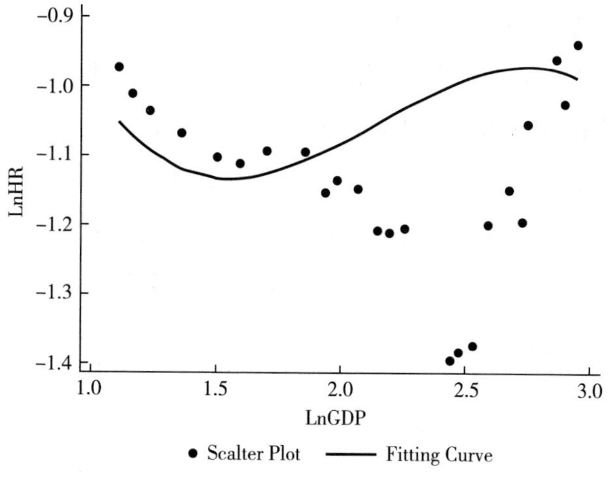

图 2-1　北京市拟合曲线

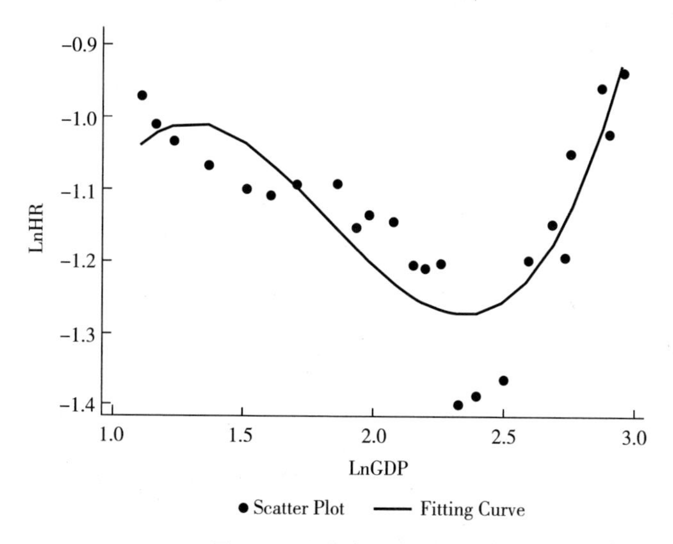

图 2-2　上海市拟合曲线

北京市的 R^2 拟合度较低，未通过统计显著性要求，但从图 2-1 中可以清楚地看出，北京市的 EKC 曲线呈现明显的倒 N 型特征。相比之下，上海市的 EKC 曲线则呈现明显的 N 型。造成这一差异的主要原因在于：北京作为中国的政治中心，其经济发展相对更加依赖于第三产业，如行政管理、科技研发等，相比之下对资源消耗和环境影响较小；而上海则是典型的工业化城市，重工业比重较高，在经济高速发展的阶段，环境恶化问题更加突出。同时，上海作为经济重镇，政府在环境治理上的投入和力度可能较北京更为迟缓。

（2）特大城市的 EKC 曲线特征

2000 年，广州、深圳、杭州、南京、厦门、桂林 6 座城市常住人口在 100 万~1000 万人，属于特大城市。上述城市人口数量适中，除桂林市以外，人均 GDP 与人均生活垃圾清运量的相关关系与三次曲线拟合程度高，在经过模型相关检验后，其模型估计可信度高，可以作为直接判断其 EKC 曲线的依据。基于前文的分析，绘制 6 座城市的 EKC 拟合曲线图，如图 2-3 至图 2-8 所示。

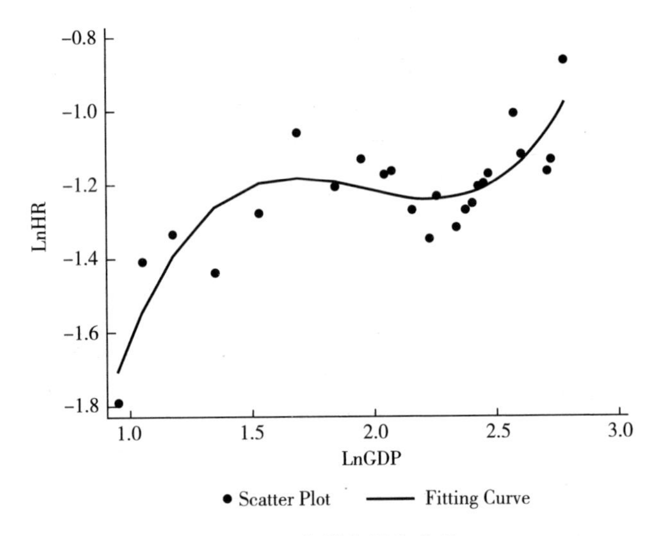

图 2-3　广州市拟合曲线

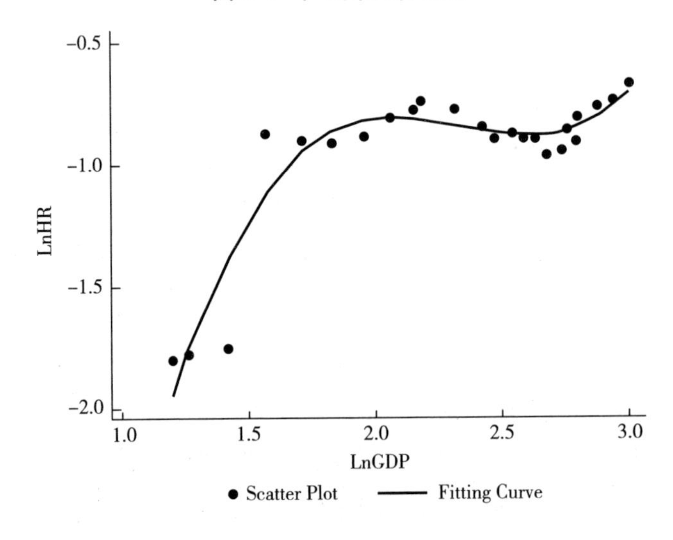

图 2-4　深圳市拟合曲线

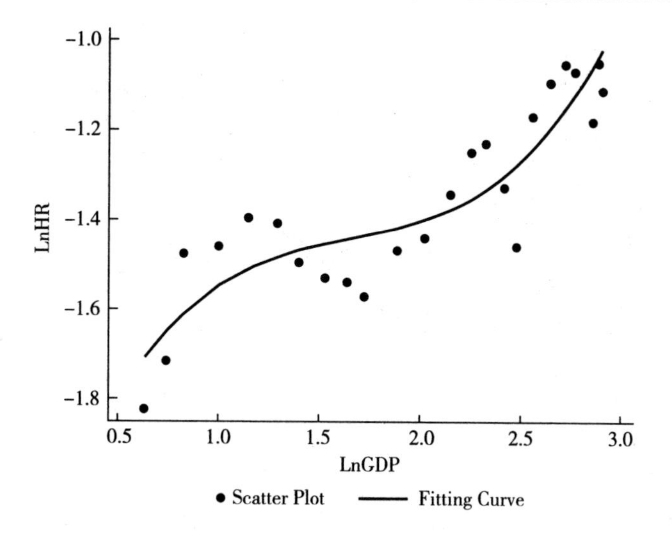

图 2-5　南京市拟合曲线

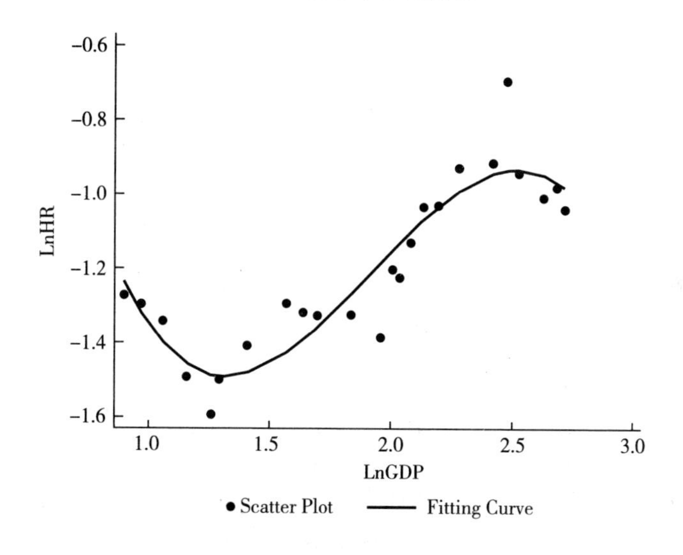

图 2-6　厦门市拟合曲线

由图可知，广州、深圳和南京市呈现出明显的 N 型 EKC 曲线，杭州和厦门的 EKC 曲线呈现明显的倒 N 型特征，而桂林市则体现出 U 型特征。这些特大城市的 EKC 曲线差异与其经济发展历程和环境治理政策密切相关：广州、深圳和南京这三个快速工业化和城镇化的城市，在经济发展初期对环境造成了较大压力，资源消耗和污染物排放随 GDP 增长而不断加剧，导致环境质量明显恶化；

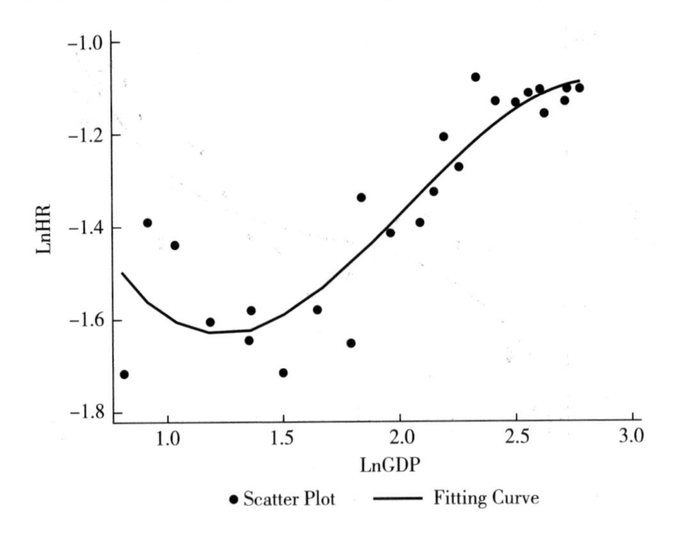

图 2-7 杭州市拟合曲线

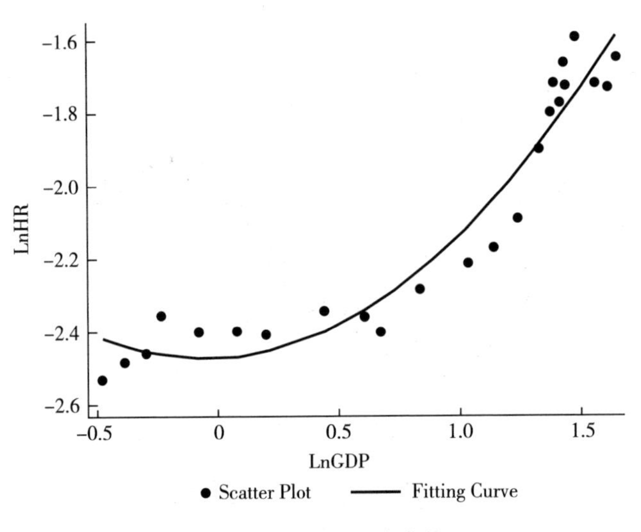

图 2-8 桂林市拟合曲线

但随着经济结构优化、科技进步和产业转型，这些城市最终达到了一个临界点，环境保护政策和措施开始显现成效，环境质量有所改善；然而，由于城市规模持续扩大，环境压力依然较大，出现了新的恶化趋势，呈现 N 型 EKC 曲线。相比之下，杭州和厦门这两个生态宜居城市，在快速工业化过程中就较早重视环境保护，虽然随着城市规模的持续扩大和用地强度的提高，这两个城市开始面临新的环境压力，环境质量出现了一定程度的恶化，但伴随新技术产业和服务业的发

展，避免了工业化高污染阶段，呈现更加优良的环境质量变化，最终表现出倒 N 型 EKC 曲线。而桂林作为以旅游业为主导的城市，工业化水平和资源消耗较低，在经济发展初期环境质量并未出现显著恶化；但随着经济发展、城市规模扩大和生活方式变迁，环境质量也出现了一定程度的恶化，呈现 U 型 EKC 曲线特征。

2.1.3　结论

垃圾分类作为推动绿色发展的重要举措，可提高城市环境质量，促进资源回收利用。本部分选取了 2000~2023 年首批垃圾分类 8 个试点城市（上海、北京、广州、深圳、南京、杭州、厦门、桂林）的人均生活垃圾清运量与人均 GDP 数据，构建城市环境与经济发展的环境库兹涅茨（EKC）模型，实证检验垃圾分类试点城市的分类效果。

研究结果表明，不同城市 EKC 曲线存在差异，上海、广州、深圳、南京呈现 N 型 EKC 曲线，北京、杭州和厦门则呈现倒 N 型 EKC 曲线，而桂林市则呈现 U 型特征。这些 EKC 曲线的差异反映了不同城市在经济发展路径、产业结构、环保政策等方面的差异。垃圾分类作为推动绿色发展的重要举措，各城市应因地制宜，采取差异化的垃圾分类举措，助力城市绿色低碳转型，推动可持续发展。

对于上海、广州、深圳和南京应当加强城市规划，合理控制城市规模扩张，防止因城市化进程加快而带来的新的环境压力；同时，应当继续推进产业结构调整和转型升级，减少对资源消耗和环境影响较大的传统产业，大力发展绿色低碳产业；此外，还应完善环境基础设施建设，健全环境保护政策，为城市可持续发展提供制度保障。通过采取上述措施，推动经济发展与环境保护的协调统一。对于北京、杭州和厦门则应当继续保持对环境保护的重视程度，确保环保投入和政策力度不降反升，鼓励绿色低碳产业发展，引导产业结构向更加环保转型，大力发展旅游、文化创意等高附加值、低能耗的服务业，进一步推动城市可持续发展。而对于桂林应当加大对生态敏感区域的保护力度，避免过度开发；积极培育新能源、节能环保等绿色低碳产业，提高产业的绿色发展水平；同时，完善生活垃圾收集、分类、处理等环境基础设施，提高垃圾无害化处理水平，促进经济发展与环境保护的协调统一。

2.2 北京市16区生活垃圾分类排放效果分析

本部分以北京市为研究对象，基于EKC曲线理论，通过对北京市16个区2009~2022年的面板数据进行实证分析，探讨北京市城市生活垃圾产生量与人均GDP之间的关系。同时将北京市划分为四大功能区（首都功能核心区、城市功能拓展区、城市发展新区、生态涵养发展区），并分别对四大功能区进行研究分析，为北京市因地制宜地制定生活垃圾管理政策提供依据。

2.2.1 模型构建

环境经济学认为资源和环境应该纳入经济增长的模型的分析之中。我们依据环境—收入理论，通过式（2-5）来考察环境与收入之间的关系：

$$Y=\beta_0+\beta_1 X+\beta_2 X^2+\beta_3 X^3+\varepsilon \tag{2-5}$$

式中，Y 为污染指标，X 为经济增长，β_0 为常量，β_k 为解释变量的系数。该模型依 β_k 的不同而使 X 与 Y 的关系曲线呈现的形状不同，研究表明污染（Y）与经济增长（X）之间的关系存在7种不同形态：①X 与 Y 之间没有关系。②X 与 Y 之间呈单调上升关系，污染随着经济增长而恶化。③X 与 Y 之间存在单调下降关系，污染随着经济增长而改善。④X 与 Y 之间呈U型关系。在经济水平较差阶段，污染随经济增长而改善；在经济水平较高阶段，污染随经济增长而恶化。⑤X 与 Y 之间呈倒U型关系。⑥X 与 Y 呈N型关系，在经济水平不断上升的过程中，环境污染先恶化再改善，而后又陷入恶化境地。⑦X 与 Y 之间呈倒N型关系，随着经济水平的上升，环境污染先改善再恶化，而后又改善。同时，为了解决可能存在的异方差问题，将对各变量取对数处理。

基于以上理论基础，我们建立如下理论模型：

$$\mathrm{Ln}Y_{it}=\alpha_i+\beta_1 \mathrm{Ln}GDP_{it}+\beta_2(\mathrm{Ln}GDP_{it})^2+\beta_3(\mathrm{Ln}GDP_{it})^3+\varepsilon_{it} \tag{2-6}$$

式中，it 代表第 i 个行政区、第 t 年的数据，Y_{it} 为生活垃圾产生量，但由于

数据获取受限，无法获得准确的生活垃圾产生量数据。不过，考虑到生活垃圾无害化处理率平均达到95%以上，因此用生活垃圾无害化处理量（HWTP）来代替产生量。GDP_{it} 为人均 GDP。

基于面板数据建立的回归模型，可以分为固定效应模型与随机效应模型。对于固定效应模型，其截距项 $\alpha_i=\bar{\alpha}+\alpha_i^*$，其中，$\bar{\alpha}$ 表示均值截距项，其在各个截面成员方程中都是相同的；α_i^* 表示截面个体截距项，其在各个截面成员方程中是不同的，表示截面成员对均值的偏离，对于所有的个体成员，它们对均值的偏离之和应该为 0，即 $\sum_{i=1}^{N}\alpha_i^*=0$。对于随机效应模型，将反映个体差异的截距项 α_i 分解为常数项和随机变量项两部分，随机变量项表示模型中被忽略的、反映个体差异的解释变量的影响。

两种模型是否具有显著差异可以通过 Hausman 检验来进行辨别。

2.2.2 模型实证分析

基于前述的理论模型，本部分对北京市 16 个区 2009~2022 年的面板数据进行实证分析，以便更好地了解北京市不同地区在经济发展与环境质量关系上的差异。

2.2.2.1 模型回归

基于以上建立的理论模型与处理完成的数据，利用 Stata 17 软件进行回归。具体结果如表 2-3 所示，其中第（1）列至第（3）列分别为三次曲线、二次曲线和线性的回归结果。首先，通过 Hausman 检验，所有模型的检验结果均拒绝原假设，故均应使用固定效应模型。其次，观察变量显著性以及拟合情况，三次曲线中所有参数均显著且拥有最高的拟合优度（R^2 为 0.515），因此选取三次曲线模型。该模型中，三次项前系数为负，二次项前系数为正，一次项前系数为负，呈现倒 N 型特征。

表 2-3 城市人均生活垃圾清运量与人均 GDP 模型估计结果

变量	(1)	(2)	(3)
$LnGDP^3$	-0.052** (-2.00)		

续表

变量	(1)	(2)	(3)
$LnGDP^2$	0.316* (1.76)	-0.040 (-1.54)	
LnGDP	-0.745* (-1.80)	-0.024 (-0.12)	-0.287** (-2.44)
Year FE	YES	YES	YES
Individual FE	YES	YES	YES
R^2	0.515	0.505	0.499
Hausman	8.42**	9.27***	11.35***
Observations	224	224	224

注：括号内为t统计量；***表示在1%的水平上显著，**表示在5%的水平上显著，*表示在10%的水平上显著。

北京市作为首都，在经济发展的初期阶段，人口规模相对较小且居民消费结构相对简单，大量消费集中在基本生活物品上，这种消费结构下生活垃圾的产生量往往较低。因此，在这一阶段，人均生活垃圾清运量呈现下降趋势。随着经济发展进入中期阶段，人均GDP的快速提升带动了生活水平的改善，居民生活垃圾产生量随之大幅增加，导致人均生活垃圾清运量在这一时期出现上升趋势，呈现EKC曲线的上升段。但在后期，北京市通过积极推进产业结构调整和转型升级，提高资源利用效率，同时加大了生活垃圾回收利用和无害化处理力度。这些措施使生活垃圾产生量在一定临界点后出现了下降趋势，导致EKC曲线出现了新的下降趋势。

2.2.2.2 北京市城市功能分区EKC曲线特征

为了更深入分析不同区域的特点，将北京市16个区按照功能划分为4个功能区，即首都功能核心区，包括东城区与西城区；城市功能拓展区，包括朝阳区、丰台区、石景山区、海淀区；城市发展新区，包括房山区、通州区、顺义区、大兴区、昌平区；生态涵养发展区，包括门头沟区、怀柔区、平谷区、密云区、延庆区。不同区域的EKC曲线具有不同的特点。

(1) 首都功能核心区

如图2-9、图2-10所示，东城区和西城区在2009~2022年，EKC曲线呈现倒U型特征，符合最早提出的环境库兹涅茨理论，即一个地区经济发展初期环境状况较好，随着人均收入的不断增加会加剧环境恶化程度；直至经济发展水平到达某个临界点后，其环境污染程度逐渐减缓，地区环境质量得到改善。东城区和

西城区作为北京市的首都功能核心区，这两个区域承担着政治、行政、文化等重要职能。由于其地位特殊，这两个区域在经济发展的初期阶段，往往先于其他区域进入较高的生活水平和消费水平，在这个阶段，随着居民收入水平的提高，人们的消费结构更新和生活方式的变化，使生活垃圾的产生量快速增加，形成了 EKC 曲线的上升段；但随着时间推移，东城区和西城区逐步完善了生活垃圾的收集、分类、处理等管理措施，并不断提升资源利用效率，使 EKC 曲线在一定临界点后出现了下降趋势，形成了倒 U 型特征。

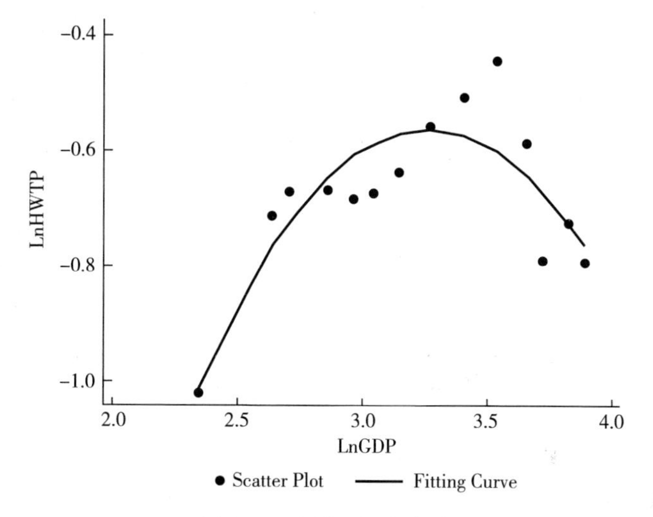

图 2-9　东城区拟合曲线

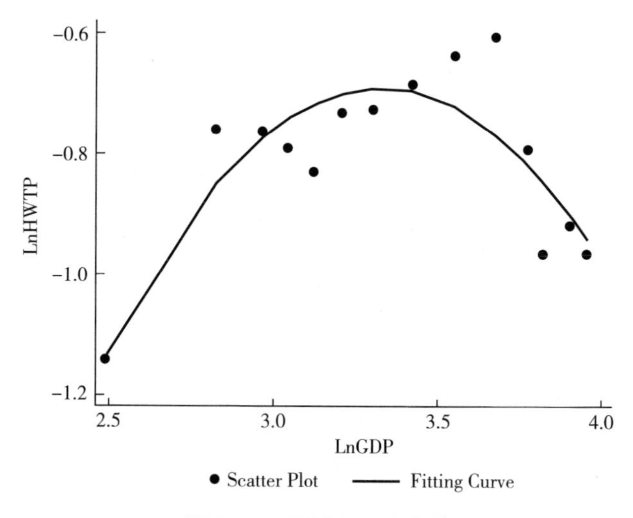

图 2-10　西城区拟合曲线

(2) 城市功能拓展区

如图 2-11 至图 2-14 所示，城市功能拓展区在 2009~2022 年 EKC 曲线呈现倒 N 型特征，即随着经济水平的上升，环境污染先改善再恶化，而后又改善。城市功能拓展区，在经济发展初期，由于经济起步相对较晚，人均 GDP 水平相对较低，居民生活水平尚不高，生活垃圾产生量较少，EKC 曲线呈现下降的趋势。随着城市化进程的加快和产业结构的优化升级，这些区域的经济快速发展，人均 GDP 迅速提高。在这一阶段，居民消费水平和生活方式发生变化，生活垃圾产

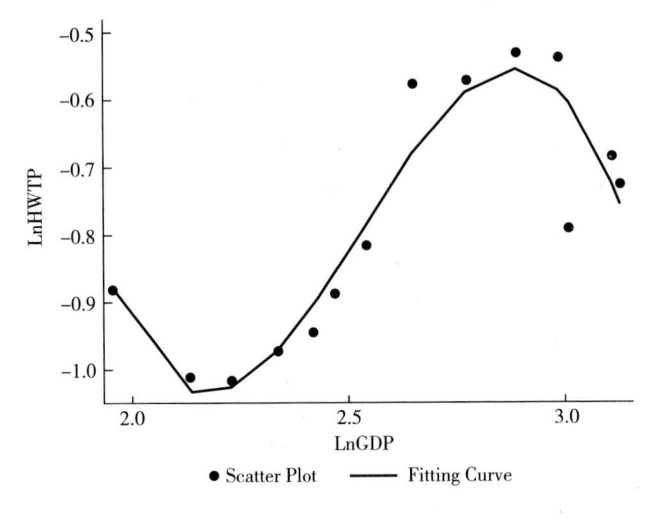

图 2-11　朝阳区拟合曲线

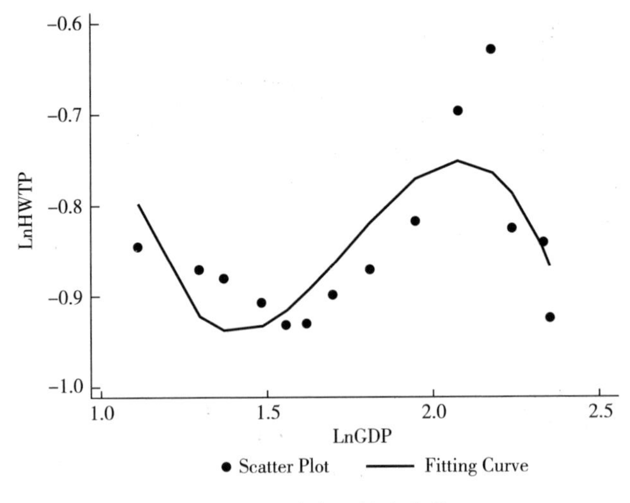

图 2-12　丰台区拟合曲线

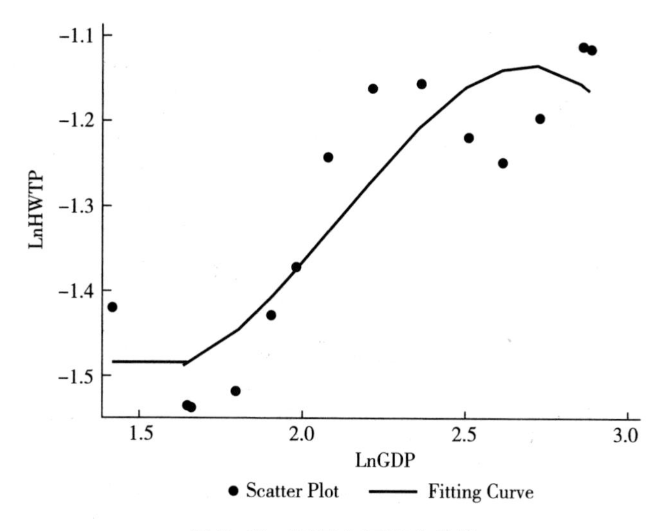

图 2-13　石景山区拟合曲线

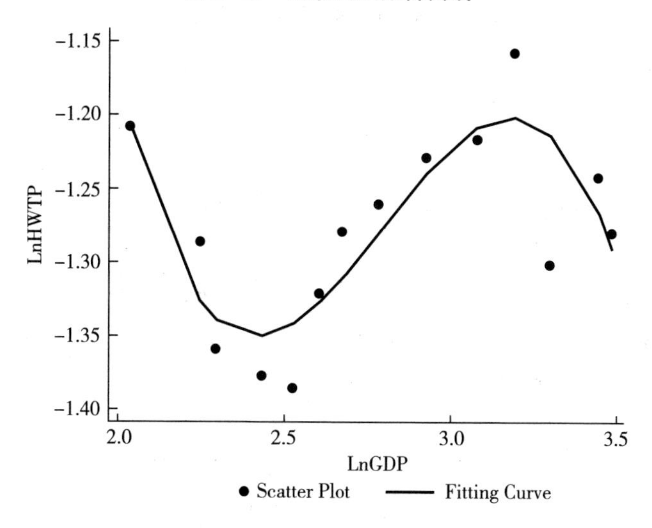

图 2-14　海淀区拟合曲线

生量也随之快速增加，EKC 曲线出现上升。在经济发展后期，各区通过不断完善生活垃圾管理措施，有效控制了生活垃圾的产生；同时，产业结构的调整和技术进步提高了资源利用效率，使生活垃圾产生量再次出现下降趋势。

（3）城市发展新区

城市发展新区 EKC 曲线呈现不同的形式：房山区、通州区和顺义区 EKC 曲线呈现 U 型特征。大兴区除去异常值以外，大体上呈现倒 U 型特征。而昌平区则呈现倒 N 型特征，见图 2-15 至图 2-19。房山区、顺义区和通州区作为北京市

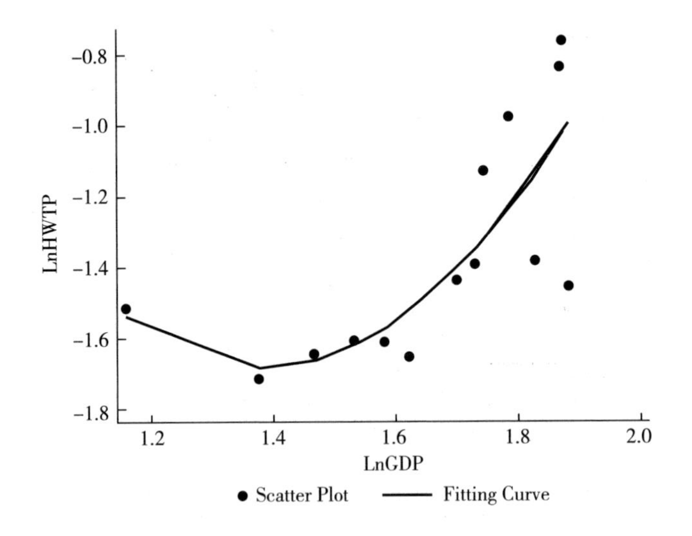

图 2-15　房山区拟合曲线

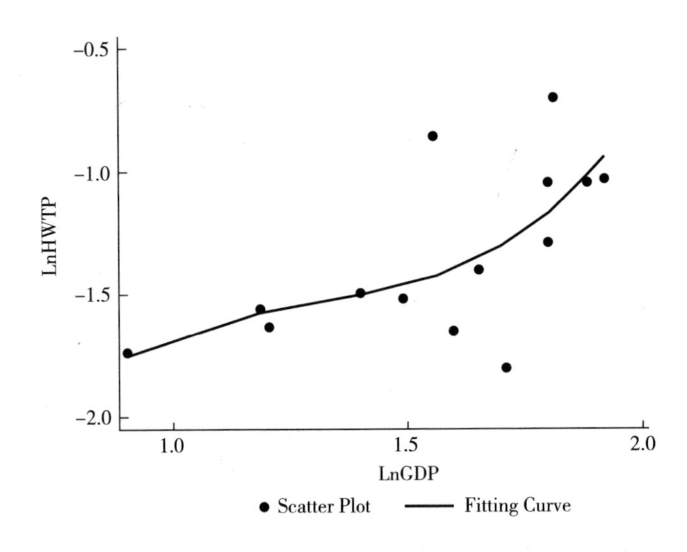

图 2-16　通州区拟合曲线

的城市发展新区，在过去的城市化进程中，主要承担了工业制造、基础设施建设等功能，这些行业通常会产生大量的生活垃圾和工业废弃物，因此，随着这些区域经济的快速增长，生活垃圾产生量也呈现快速上升的趋势，EKC 曲线呈 U 型。大兴区作为近年来北京重点发展的新区，在规划布局和产业发展上较为均衡，坚持以绿色工厂、绿色设计产品、绿色产业链和绿色工业园区建设为纽带，推动制

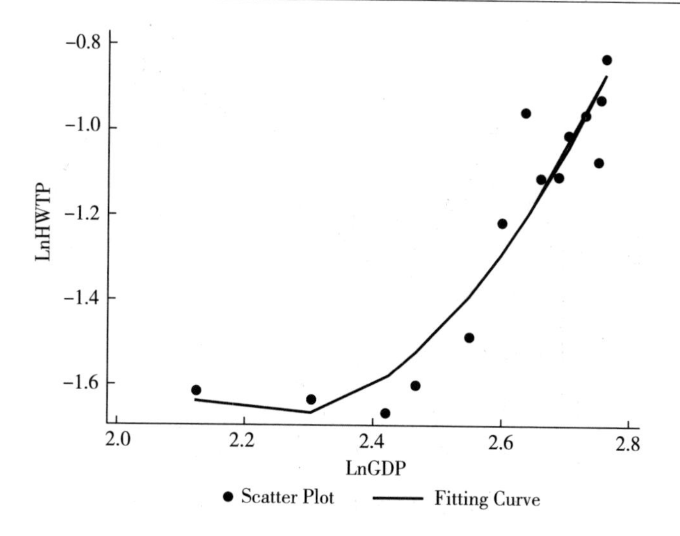

图 2-17　顺义区拟合曲线

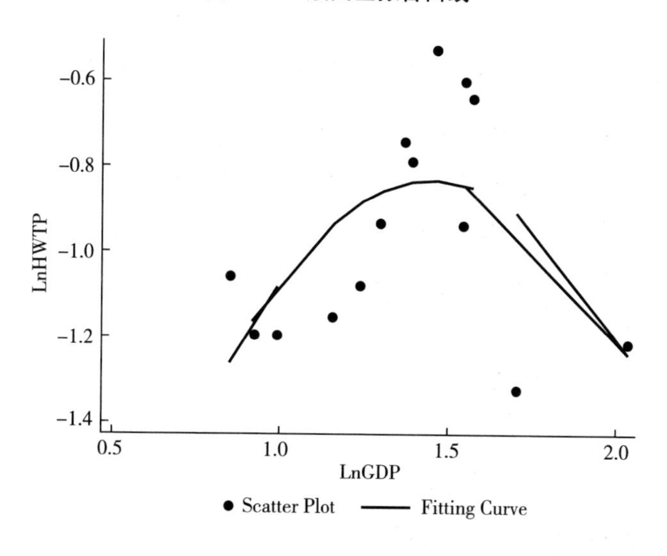

图 2-18　大兴区拟合曲线

造业高端化、智能化、绿色化发展，持续开展绿色制造体系建设。昌平区在城市化的早期阶段，其经济发展相对滞后，生活垃圾产生较少，体现出 EKC 曲线的下降阶段；随着经济快速发展，生活垃圾产生量逐步上升，出现了 EKC 曲线的上升阶段；最终通过严格的生活垃圾管理政策，使生活垃圾产生量得到控制，出现了 EKC 曲线的再次下降阶段。

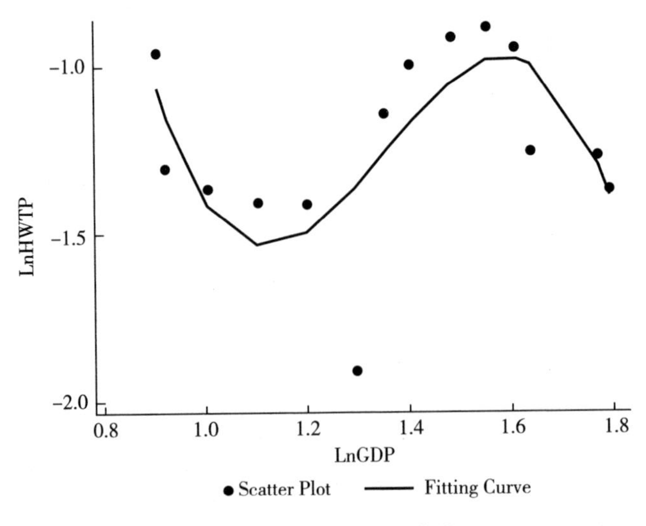

图 2-19　昌平区拟合曲线

(4) 生态涵养发展区

生态涵养发展区中，除门头沟区的 EKC 曲线呈现 U 型特征以外，其他区均为倒 N 型，见图 2-20 至图 2-24。门头沟曾为北京重要供煤地区，源源不断地为北京输送热量；随着城市发展与定位的变化，门头沟开始向绿色的生态涵养区转型，政策的实施使生活垃圾产生量下降，但伴随房地产、旅游等产业的发展，生活垃圾产生量又有所增加。怀柔、平谷、密云和延庆四区，人口及消费水平相对

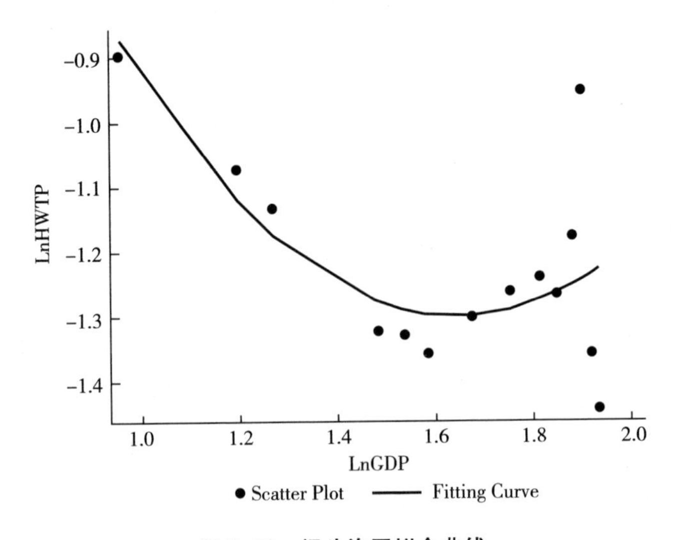

图 2-20　门头沟区拟合曲线

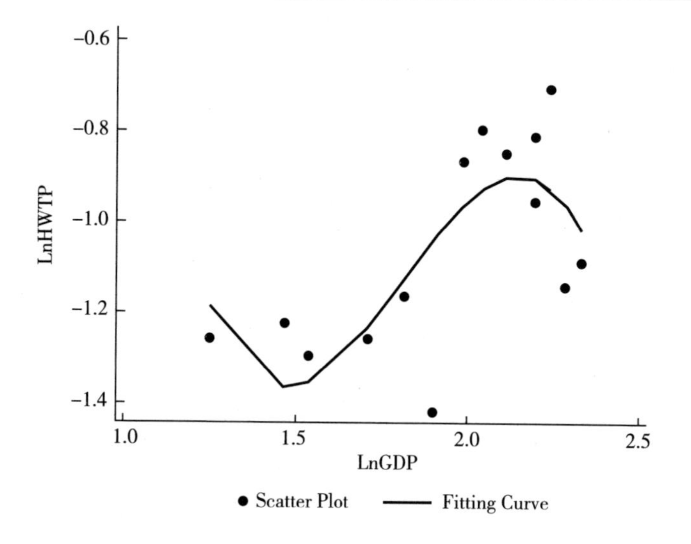

图 2-21 怀柔区拟合曲线

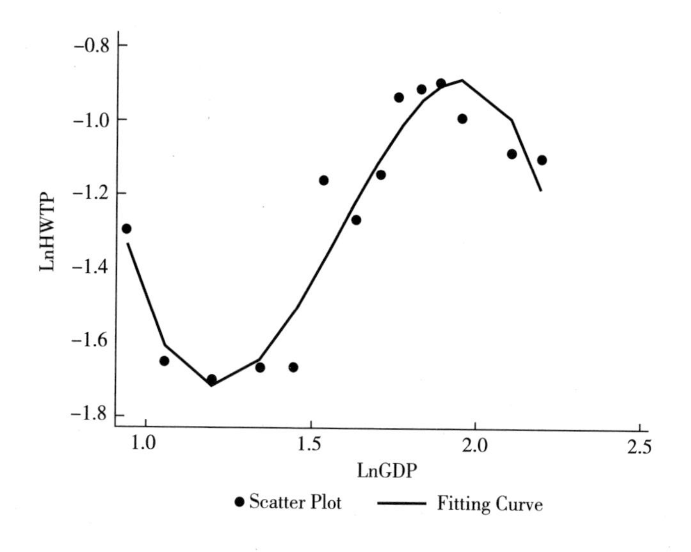

图 2-22 平谷区拟合曲线

较低，生活垃圾产生量较少；随着时间推移，这些区域逐步承接了一些新兴产业和城市功能的疏解，经济发展水平和居民生活水平提升，生活垃圾产生量随之增加；但作为生态功能区，这些区域的政府更加重视生态环境保护，在后期可能会采取一些强有力的环境管控措施，限制生活垃圾的增长。

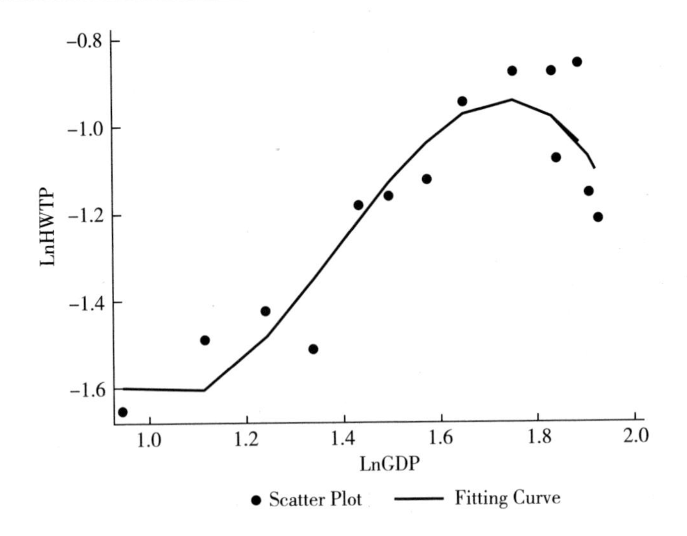

图 2-23　密云区拟合曲线

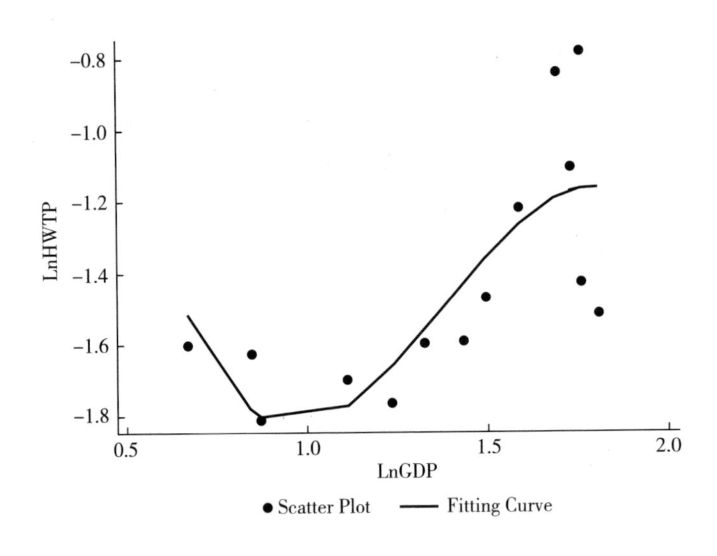

图 2-24　延庆区拟合曲线

2.2.3　结论

本部分利用 2009~2022 年数据，得出北京市 16 个区生活垃圾 EKC 曲线。根据实证结果，一次项系数为负，二次项系数为正，三次项系数为负，可以得出北

京市16个区生活垃圾EKC曲线总体呈现倒N型特点，即当经济发展水平较低时，随着经济发展水平不断上升，生活垃圾产生量呈下降趋势；当经济发展水平较高时，随着经济发展水平不断上升，生活垃圾产生量呈上升趋势；当经济发展水平很高时，随着经济不断发展，生活垃圾产生量又呈现下降趋势。

尽管从全市整体层面来看北京市16个区的生活垃圾EKC曲线呈现倒N型特点，但当进一步按照城市功能区划分进行分析时，不同区域呈现各自不同的EKC曲线特征。研究结果表明：首都功能核心区的EKC曲线呈现倒U型特征；城市功能拓展区EKC曲线呈现倒N型特征，与全市整体趋势相似；城市发展新区中，房山区、顺义区和通州区EKC曲线呈现U型特征，大兴区呈现倒U型特征，而昌平区则呈现倒N型特征；生态涵养发展区中，除了门头沟区的EKC曲线呈现U型特征以外，其他区均为倒N型。这种差异性反映了不同功能区在经济发展、产业结构转型、生态环境保护等方面所面临的不同挑战。这不仅需要全市整体的生活垃圾管理政策，也需要因地制宜地制定针对性措施，以更好地适应不同区域的发展需求。

对于首都功能核心区，应当持续优化生活垃圾的收集、分类、运输和处理等全过程管理，提高资源利用效率，确保生活垃圾得到有效控制；同时进一步优化产业结构，大力发展高端服务业，减少对资源和环境的依赖，从而控制生活垃圾的增长。对于城市功能拓展区，应当继续健全生活垃圾管理体系，提高垃圾分类覆盖率，推动垃圾减量化、资源化和无害化处理，切实提高生活垃圾管理水平；进一步优化产业结构，大力发展高新技术产业、现代服务业等绿色低碳产业，减少对资源和环境的消耗，从而控制生活垃圾的增长。对于城市发展新区，应当重点从源头着手，通过宣传教育、经济激励等措施，引导居民养成绿色低碳的生活方式，减少生活垃圾的产生；同时，要进一步完善生活垃圾分类收集体系，提高分类回收利用率。对于生态涵养发展区，应当充分利用自身的生态优势，建立健全生活垃圾分类收集体系，提高资源化利用率；同时，要加强对生活垃圾的无害化处理，减少对生态环境的影响。此外，各区域均应加强协同配合，共同推进生活垃圾全过程管理，形成区域联动的治理格局，提高生活垃圾管理的整体水平。

2.3 京津冀地区垃圾排放效果检验

2.1节对首批8个试点城市的垃圾分类效果进行了深入检验，这些城市在垃圾分类方面的成功经验为其他地区提供了宝贵的借鉴。然而，京津冀地区作为中国经济发展的重要区域，具有独特的代表性和示范效应，因此对其进行单独研究具有重要意义。北京作为中国的政治、文化和国际交往中心，天津作为北方的经济中心，河北作为连接京津的重要纽带，这三个省级行政区在国家整体发展战略中占据着举足轻重的地位。京津冀地区的经济总量和发展速度在全国范围内具有显著影响，其经济活动的强度和多样性使该地区在环境管理方面面临独特的挑战和机遇。另外，京津冀地区的人口密度和城市化水平较高，这使该地区的环境压力尤为突出。随着经济的发展和城市化进程的加快，生活垃圾的产生量不断增加，对环境的影响日益显著。因此，研究京津冀地区的人均生活垃圾清运量与人均GDP之间的关系，不仅可以揭示经济发展与环境压力之间的动态关系，还能够为其他快速城市化地区提供参考。京津冀地区在国家政策中的战略地位也决定了其在环境治理中的示范作用。国家对该地区的环境政策和治理措施往往具有试点和推广的意义。因此，深入研究该地区的环境经济关系，有助于为国家政策的制定和调整提供科学依据，确保在经济增长的同时实现环境的可持续管理。

基于此，本部分以京津冀地区为研究对象，利用EKC曲线理论，并结合可获得的数据进行分析。这些数据来源于各市的统计年鉴或环境统计年鉴。通过分析2000~2022年的数据，探讨了该地区人均生活垃圾清运量与人均GDP之间的关系。研究结果强调了因地制宜制定环境政策的重要性，以在经济发展和环境可持续管理之间取得平衡。这一发现为理解区域发展与环境治理的关系提供了重要参考，同时为政策制定者提供了有价值的见解。

2.3.1　模型构建

基于 2.2.1 节的理论基础，本部分构建如下理论模型来探讨京津冀地区生活垃圾清运量与人均 GDP 之间的关系：

$$\mathrm{Ln}Y_{it}=\alpha_i+\beta_1\mathrm{Ln}GDP_{it}+\beta_2(\mathrm{Ln}GDP_{it})^2+\beta_3(\mathrm{Ln}GDP_{it})^3+\varepsilon_{it} \quad (2-7)$$

式中，it 代表第 i 个省级行政区第 t 年的数据；Y_{it} 为生活垃圾清运量；GDP_{it} 为人均 GDP；α_i 为个体效应，反映各地区的固有特征；β_1、β_2、β_3 分别为一次项、二次项和三次项的系数；ε_{it} 为随机误差项。

2.3.2　EKC 模型实证分析

对京津冀地区的人均生活垃圾清运量与人均 GDP 进行曲线估计，从三次曲线、二次曲线、指数曲线中选取最贴切的拟合估计结果，最终得到三个地区的回归结果如表 2-4 所示。

表 2-4　城市人均生活垃圾清运量与人均 GDP 模型估计结果

变量	北京市	天津市	河北省
LnGDP^3			0.359*** (5.02)
LnGDP^2	0.122* (2.03)	0.527*** (9.11)	-0.658*** (-4.19)
LnGDP	-0.421* (-1.76)	-1.499*** (-8.55)	0.116 (1.44)
R^2	0.264	0.816	0.632
Observations	23	23	23
曲线形状	U 型	U 型	N 型

从表 2-4 中可以看出，北京市呈现明显的 U 型曲线特征，LnGDP 的一次项系数为负，二次项系数为正，且均在 10%的水平上显著。这表明北京市的生活垃圾清运量与经济发展之间存在显著的 U 型关系，即在经济发展初期，垃圾清运量随 GDP 增长而下降，但在达到拐点后又开始上升。与此同时，天津市同样表现出 U 型曲线特征，然而，其拟合优度（$R^2=0.816$）明显高于北京市，表明该模型对天津市数据的解释能力更为强大和可靠。相比之下，河北省的情况较为复

杂，呈现N型曲线特征，LnGDP的一次项系数虽为正但不显著，但二次项系数为负，且在1%水平上显著，而三次项系数为正且也在1%水平上显著。这显示河北省的生活垃圾清运量与经济发展之间的关系更为复杂，呈现N型的变化模式，说明在经济成长过程中存在多阶段的动态变化。

为了更直观地展示三地的EKC曲线特征，本部分绘制了京津冀地区的EKC曲线（如图2-25至图2-27所示）。通过观察这些拟合曲线，可以更清晰地看到各地区生活垃圾清运量与经济发展之间的关系变化趋势。

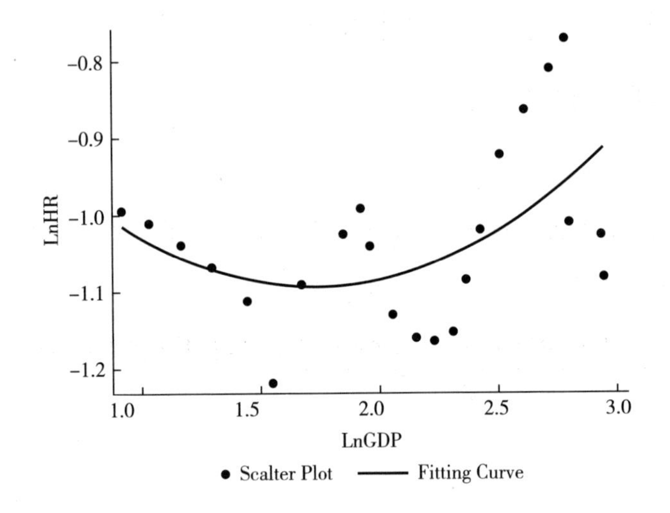

图2-25　北京市拟合曲线

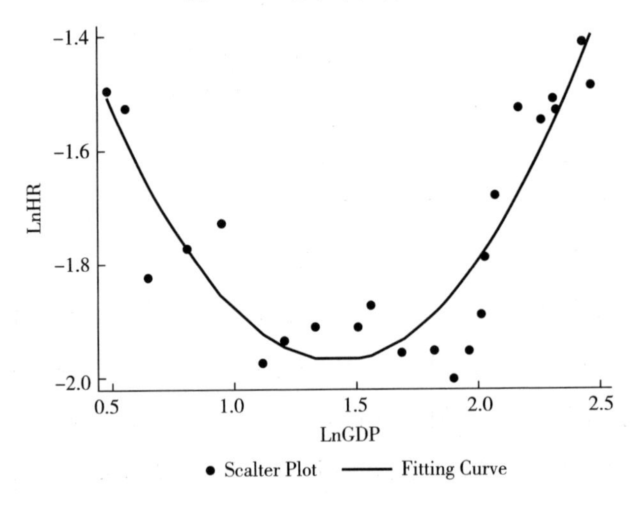

图2-26　天津市拟合曲线

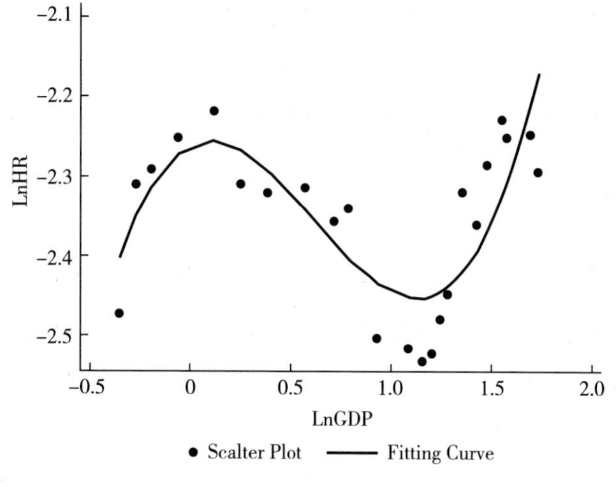

图 2-27　河北省拟合曲线

从图 2-25 至图 2-27 可以看出，北京市和天津市的曲线呈现 U 型趋势。这表明在经济发展的初期阶段，这两个直辖市的生活垃圾清运量随着人均 GDP 的增长而增加。然而，在达到某个经济拐点后，垃圾清运量开始下降，最终又有所回升。这一现象反映了在经济快速发展的背景下，这两个城市通过实施严格的环境政策和采用先进的垃圾处理技术，实现了垃圾治理的显著改善。随着经济的进一步增长和人口的持续增加，垃圾产生量又出现了上升。通过对比 2. 1. 2 节可见，北京市在 2023 年经济与环境治理达到了新的拐点，显示尽管经济继续增长，但垃圾清运量却有所下降。这表明北京市近年来实施的更严格的环保政策及垃圾分类法规已取得显著成效。此外，垃圾处理技术及管理水平的提升、公众环保意识的增强，以及经济向高技术低污染方向的转型，也促进了这一积极变化。此现象为其他地区在经济发展过程中兼顾环境保护提供了宝贵的经验借鉴。

相比之下，河北省的 EKC 曲线呈现 N 型特征，这可能反映了该省在经济发展过程中经历了多次波动。初期阶段，经济增长带来了垃圾清运量的增加；随后，通过政策干预和技术进步，垃圾治理有所改善；然而，随着经济的再次增长，垃圾清运量又出现上升，直到再次通过政策和技术手段实现改善。这些差异可能与各地区的经济结构、城市化水平、环境政策的实施效果以及技术创新能力等因素密切相关。北京市和天津市拥有更高的城市化水平和技术创新能力，使它们能够更有效地实施环境政策和技术改进。而河北省可能面临更复杂的经济结构和较低的城市化水平，导致其垃圾管理过程中的多次波动。这一研究结果为理解区域发展与环境治理的关系提供了重要的参考，同时强调了在制定环境政策时，需要充分考虑地区的具体特点，因地制宜实施垃圾管理措施的重要性。

2. 3. 3　结论

本部分通过分析 2000~2022 年的数据，揭示了京津冀地区 EKC 曲线的特征，并探讨了不同地区的经济发展与生活垃圾管理之间的关系。研究发现，北京市和天津市的曲线呈现 U 型趋势。这表明在经济发展的初期阶段，随着人均 GDP 的增长，垃圾清运量也随之增加；然而，在达到某个拐点后，通过实施有效的环境政策和技术进步，这些城市实现了垃圾管理的改善；随着经济的进一步增长和人口的增加，垃圾产生量又有所回升。同时，通过对比 2. 1. 2 节内容，可以发现北京市在 2023 年到达拐点，这主要说明北京市的经济发展与环境治理策略已进入新的阶段。此拐点表明在 2023 年，尽管经济继续增长，但生活垃圾清运量开始下降，这反映了北京市近年来推进的环境政策和措施如更严格的垃圾分类和处理法规，已经开始显现出显著效果。同时，垃圾处理技术及管理水平的提升、公众环保意识的增强、经济结构向高技术和低污染方向的转型，以及社会对生活质量和环境保护需求的增加，都共同促成了这一积极变化。这一现象显示了在经济与生态环境之间达成更好平衡的可能性，为其他地区在经济发展过程中如何有效管理环境问题提供了示范和参考。

与之相比，河北省的 EKC 曲线呈现 N 型特征，反映了该省在经济发展过程中经历了多次波动。这包括初期的经济增长带来的垃圾清运量增加，随后通过政策干预和技术进步实现的环境改善，以及再次增长和二次改善等阶段。这些差异可能与各地区的经济结构、城市化水平、环境政策的实施效果以及技术创新能力等因素密切相关。

本章研究结果表明，区域发展与环境治理之间存在复杂的动态关系。为实现可持续的垃圾治理，各地区需要根据自身的经济和社会特点，制定和实施适合的环境政策和技术措施。这一结论为政策制定者提供了重要的参考，强调了因地制宜的重要性，以确保在经济发展的同时实现环境的可持续管理。

第3章　城市生活垃圾分类治理 PPP模式研究

2023年8月，国家发展改革委、生态环境部、住房和城乡建设部等部门印发的《环境基础设施建设水平提升行动（2023—2025年）》（发改环资〔2023〕1046号）提出，要加快构建集污水、垃圾、固体废弃物、危险废弃物、医疗废弃物处理处置设施和监测监管能力于一体的环境基础设施体系，推动提升环境基础设施建设水平，提升城乡人居环境，促进生态环境质量持续改善。

城市生活垃圾的产生具有负外部性，体现在每个个体都承担着其他个体因为产生生活垃圾而带来的生活环境的恶化与生态环境的污染；同时，无论采用填埋、焚烧还是发电的方式处理垃圾，处理过程本身也会产生一定的污染，垃圾处理需要更加专业的处理技术。政府作为公共领域的管理者，有责任处理生活垃圾，但是政府并不具有处理垃圾的专业化技术；同时政府独自承担垃圾清理责任将导致政府财政、人力方面均面临很大压力。垃圾问题的负外部性、复杂性，以及政府力量的单一性和薄弱性导致垃圾治理的低效率，亟须引入政府和社会企业合作的PPP模式。

PPP模式自在我国推广以来，在公路、地铁以及污水处理等领域均有了广泛的应用，有效地缓解了公路、地铁以及污水处理等领域建设、运营的急迫性。PPP模式应用于生活垃圾领域尚处于起步阶段，在PPP模式中如何实现风险共担与利益共享，成为该领域推广应用PPP模式的关键。本部分创新性地引入实物期权方法研究生活垃圾治理PPP模式的收益分配和风险分担策略问题，具有重大的现实意义，有利于城市生活垃圾 PPP 项目的开展以及在现实生活中的应用。一方面，通过政府对项目收益的双边担保，可以将本身并不确定的项目收益锁定在一定范围内，降低收入变化对社会企业部门带来的影响，确保合理收益，提高社会企业部门参与 PPP 项目的积极性，有利于 PPP 项目的进一步推广，借助社会力量，更专业化、专门化地有效处理生活垃圾，减轻垃圾围城现象；另一方面，政府将生活垃圾处理责任转移给非政府部门，减轻了财政负担，当项目收益较高时，可以从中获取一定收益，弥补财政损失，更有效地促使政府大力推广 PPP 项目的应用。

3.1 理论基础和研究现状

城市生活垃圾分类治理涉及多方主体参与，需要政府、企业和公众等各方共同协作。PPP 模式作为政府与社会资本合作的一种商业模式，在城市生活垃圾分类治理领域具有广泛应用前景。PPP 模式能够有效缓解政府财政压力，吸引社会资本参与，提高垃圾处理效率。然而，在 PPP 模式下如何实现政府与社会资本的利益共享和风险共担，成为该领域推广应用的关键。因此，有必要深入探讨 PPP 模式在城市生活垃圾分类治理中的理论基础和研究现状，为后续研究提供理论支撑。

3.1.1 概念界定

随着城市化进程的不断加快，城市生活垃圾处理已成为各级政府面临的重要挑战。为了更好地解决这一问题，政府与社会资本之间的合作模式—PPP 模式应运而生。PPP 模式是指政府与社会资本形成伙伴关系，让社会资本所掌握的资源参与公共领域的建设、运营中并提供服务，从而使政府实现公共领域管理的职责，同时为社会资本带来利益。

PPP 商业模式产生的意义在于可以在市场化的过程中弥补对公共利益的忽

视，同时减轻政府的财政压力，并提高公共服务供给的效率。PPP 模式能够让政府与社会资本发挥各自的优势，政府可以借助社会资本的专业技术和管理经验来提升公共服务的质量，而社会资本也能够在参与公共事业中获得一定的收益回报。此外，PPP 项目的融资渠道较为灵活，可以采取贷款、债券发行、基金投资、资产证券化等多种方式，大大缓解了政府的财政压力。社会资本的参与也能够提高公共服务的供给效率，降低政府的运营成本，为居民提供更优质的公共服务。

然而，PPP 项目的实施也面临着一些挑战。首先，PPP 项目通常需要较长的建设期和较高的周转资金要求，给项目融资带来了较大压力。其次，在项目实施过程中，社会资本方与政府方之间的利益协调也是一大难点，需要双方建立良好的合作关系。再次，PPP 项目的风险管理机制还需进一步健全，以确保项目运作的稳定性。最后，政府在 PPP 项目中的监管作用也显得尤为重要，需要制定完善的法律法规，加大全过程的监管力度。

针对这些挑战，各地政府和相关部门采取了一系列应对措施。首先，在融资方面，政府可以搭建多元化的融资平台，吸引各类社会资本参与，如成立政府引导基金、鼓励金融机构投资等。同时，政府可以通过出台相关法规，为 PPP 项目的债券融资、资产证券化等创新融资方式提供政策支持。其次，在利益协调和风险管理方面，政府和社会资本应当建立健全的合作机制，明确双方的权责边界，合理分担项目风险。最后，政府需要进一步健全 PPP 项目全生命周期的监管体系，加强信息披露，提高项目透明度，确保公共利益得到有效保障。值得一提的是，近年来一些地方政府在 PPP 模式应用中取得了较好的实践成果。例如，江阴市开展了村庄生活污水治理工程及城区黑臭水体整治工程 PPP 项目。在建设期间，江阴市完成了 1520 个村庄的生活污水治理任务。这一 PPP 项目的成功实施，不仅有效地解决了江阴市农村生活污水处理问题，还带动了相关基础设施建设，提升了当地的环境治理水平，充分发挥了政府与社会资本合作的优势，为城乡一体化发展做出了积极贡献。另外，北京市在推进城市基础设施 PPP 项目方面也走在了全国前列，通过引入社会资本参与，有效提升了公共服务的质量和效率。

PPP 商业模式为解决城市生活垃圾处理等公共事业发展提供了有效路径。但实施过程中仍需要政府和社会资本共同努力，不断完善合作机制、优化风险管理，以确保 PPP 项目顺利推进，为城市可持续发展贡献力量。

3.1.2 理论基础

3.1.2.1 NPV 理论

净现值是指将某项投资未来产生的现金流折现与投资成本的差值。当净现值大于或等于 0 时，代表该投资产生的现金流大于成本，产生盈利；当净现值小于 0 时，代表项目不会产生盈利。

净现值指标计算的一般方法包括公式法和列表法两种形式。

公式法：指按照定义，将各期现金流折现，利用理论公式计算净现值。

列表法：列表法是指利用现金流量表来计算净现值的方法，将各年现金流与现值系数相乘，得到折现现金流，求和之后与投资成本做差。

利用 NPV 法对项目价值进行评估具有以下优点：考虑了资金时间价值，增强了投资经济性的评价；考虑了全过程的净现金流量，体现了流动性与收益性的统一；考虑了投资风险，风险大则采用高折现率，风险小则采用低折现率。

但其缺点是：净现值的计算较麻烦，计算量大；净现金流量的测量和折现率较难确定；不能从动态角度直接反映投资项目的实际收益水平；项目投资额不等时，无法准确判断方案的优劣。

3.1.2.2 实物期权理论

实物期权是一种期权，其底层证券是既非股票又非期货的实物商品。实物商品自身构成了该期权的底层实体。实物期权是管理者对所拥有实物资产进行决策时所采用的柔性投资策略。金融领域中，期权是一种选择权，期权的买方可以通过比较标的资产执行价格与到期价格的区别，选择是否执行期权以获取利润或规避风险。对于期权买方来说，付出的成本是期权费用；对于期权的卖方来说，得到的是期权费用，但也要承受买方行权所导致的损失。期权的存在是为了控制未来价格不确定性产生的风险不确定性越大，期权的价值就越大。

实物期权与金融期权相对应，实物期权方法帮助投资者思考在不确定的市场

环境下如何进行投资决策的问题。实物期权的一般形式包括放弃期权、扩展期权、收缩期权、选择期权、转换期权、混合期权等。

在不确定的市场环境下，实物期权的价值来源于公司对战略决策的调整。每一个公司都是通过不同投资来选择确定自己的实物期权，并对其进行管理、运作，创造利润。实物期权法利用金融领域的期权理论将不确定性量化并转化成公司优势。

实物期权估值的主要方法是二项式法，二项式法假定在每个时间段，基础资产价值的变化只能有两个结果，即上升或下降某个百分点，比如假定基础资产初始价值为 V，那么，在第一个时间段结束时，它要么向上变为 V_u，要么向下变为 V_d；同样在第二个时间段末，资产价值将有四种情况，分别是 V_{uu}、V_{ud}、V_{du}、V_{dd}，依此类推形成资产价值变化网络。

二项式模型是用风险中性定价方法进行定价的，风险中性定价方法假设所有投资者都是风险中性的，在风险中性的经济环境中，投资者并不要求任何的风险补偿或风险报酬，这样就不需要估计各种风险补偿或风险报酬，省略了对风险定价的复杂内容；投资的期望收益率恰好等于无风险利率；投资的任何盈亏经无风险利率的贴现就是它们的现值。风险中性概率的计算公式为：

$$P=\frac{e^{-rt}-d}{u-d} \tag{3-1}$$

式（3-1）中，P 为风险中性概率；r 为无风险利率；t 为每期的时间；u 为上升因子，即 1+基础资产价值上升时的每期回报率；d 为下降因子，即 1+基础资产价值下降时的每期回报率。

总的来说，利用二项式模型进行实物期权估值有两个步骤：

1）建立标的资产价值变化网格图。通过假设上升与下降百分点，得到各个时间段的可能资产价值，形成网格图。

2）建立实物期权估值网格图。方法是利用后推技术进行反向推算，得出期权的起始点价值。

与净现值法相比，由于实物期权法考虑了不确定性，对资产的机会价值做出预测；同时，由于管理者可以创造特定的战略期权，他们的决策可以增加项目的实物期权价值，因此把实物期权法运用到 BOT 项目投资决策中，能使政府、投资者和经营者获得理想的利益，最大限度地降低各种风险。

3.1.2.3 Black-Scholes 期权定价理论

Black-Scholes 期权定价模型是一个复杂的期权定价公式，有 8 个重要的假设：

1）股票价格变动服从对数正态分布模式；

2）在期权有效期内，无风险利率和金融资产收益变量是不变的；

3）市场无摩擦；

4）金融资产在期权有效期内未派发红利或其他（该假设之后被放弃）；

5）期权为欧式期权，即在期权到期前不可执行；

6）不存在无风险套利机会；

7）证券交易是持续的；

8）投资者能够以无风险利率借贷。

Black-Scholes 期权定价模型用公式表示为：

$$C=S\times N(d_1)-Le^{-rT}N(d_2) \tag{3-2}$$

$$d_1=\frac{\text{Ln}\,\frac{S}{L}+(r+0.5\sigma^2)T}{\sigma\times\sqrt{T}} \tag{3-3}$$

$$d_2=\frac{\text{Ln}\,\frac{S}{L}+(r-0.5\sigma^2)T}{\sigma\sqrt{T}}=d_1-\sigma\sqrt{T} \tag{3-4}$$

式（3-2）至式（3-4）中，C 代表期权初始价格，L 代表执行价格，S 代表标的资产现价，T 代表期权期限，r 代表连续复利计无风险利率，σ^2 代表年度化方差，N（·）代表正态分布变量的累积概率分布函数 $\frac{1}{\sqrt{2\pi}}\int_{-\infty}^{dn}\text{e}^{-\frac{x^2}{2}\text{d}x}$。

3.1.3 研究现状

在垃圾治理行业，目前关于垃圾 PPP 项目的研究较少，关于垃圾 PPP 项目研究主要集中于 PPP 项目定价与调价机制讨论，关于风险分担与收益分配问题

的研究尚处于起步阶段。张维等（2019）以利润率规制和激励社会资本落实垃圾分类制度为条件，构建生活垃圾处理PPP项目调价模型；逯元堂等（2019）以总投资变动幅度、初始补贴单价及其覆盖建设成本的比例为基础，建立基于弹性系数法的建设期调价模型；韦海民和鲁伟（2018）通过量化风险，构建风险变量并采用财务净现值法建立垃圾焚烧发电PPP项目处理费NPV定价模型；姚张峰等（2017）采用系统动力学方法下建立了PPP垃圾焚烧发电项目垃圾处理费的定价模型；周丽媛（2017）基于PPP模式投资盈利而不暴利的原则，以资本金内部收益率和项目总投资内部收益率的累计概率差值最大化为目标函数，建立政府补贴支付价格决策模型。

当前关于PPP项目收益的研究，主要集中于以下三个方面：一是研究特许期、特许价格等因素对PPP项目整体收益带来的影响，分析其影响程度与方向。二是研究项目整体收益在社会企业和政府之间分配的原则以及分配比例。三是利用实物期权方法研究政府在不同收益水平下的担保问题。

当前关于PPP模式风险分担的研究，主要集中于以下三个方面：一是对PPP项目中存在的各类风险进行识别与分类，并判断各类风险的承担方。二是分析不同参与方在PPP项目中对各类风险的承担比例。三是对PPP项目风险分担进行分析并与收益分配相匹配。

以上关于PPP项目的研究，在收益分配方面还存在以下三点不足：第一，研究特许期、特许价格等因素对PPP项目整体收益带来的影响时，未考虑政府担保问题；而政府担保有利于吸引投资者投入PPP项目，对项目整体收益的影响不容忽视。第二，研究项目整体收益在社会企业主体和政府之间分配原则以及比例时，研究角度主要集中于风险的承担，根据风险的承担来配比收益分配。但在PPP项目中，政府与社会企业主体本就处于非平等的地位，两者所承担的风险种类不同，承担风险程度不同，耐受水平也不同，导致不同种类、不同程度的风险很难进行公平度量。第三，利用实物期权方法研究政府在不同收益水平下的担保是较为准确的方法，实物期权能够很好地度量项目收益的不确定性以及不同收益水平下政府担保的价值，但是针对不同收益水平、不同的政府担保价值，以及项目收益到底应该如何分配，多数文献并未进一步研究，也未考虑不同因素的变化对实物期权价值的影响，从而引起政府担保价值的波动，研究内容略显不足。

在风险分担方面，以上研究还存在以下两点不足：第一，大多数论文在研究PPP项目的风险时采用的是定性分析法，即仅研究风险的分类或者识别，而没有深入研究具体风险被识别出来后如何量化、如何分担、怎样解决，分类或者识别本身不会促进PPP项目的发展。第二，在研究内容上，对具体风险如何分担问题，大多数研究将具体风险的承担主体绝对化；实际上，任何风险都是由参与项目的主体共同承担，这种绝对化的假设不符合实际情况。

综上，一方面，本部分将PPP模式应用到生活垃圾领域，并将政府部分与社会企业部门作为研究对象，分析风险分担与收益分配问题，由此完善PPP模式在生活垃圾领域的应用，吸引更多的社会资本参与生活垃圾PPP领域中。另一方面，本部分将实物期权方法引入垃圾PPP模式收益分配与风险分担问题中。通过实物期权视角，构造政府双边担保策略模型，由此得到政府与社会企业部门双方的收益分配模型以及给项目带来的价值增值，有利于解决以往文献关于项目收益分配比例以及政府担保问题研究的不足；通过对项目中存在的风险主体的分析，利用风险涵摄找到作用指标，并利用敏感性分析法分析风险点对项目收益的影响，提供风险对冲方法，有利于解决风险主体绝对化以及风险量化问题。

3.2 城市生活垃圾分类治理PPP模式现状

本部分将重点分析城市垃圾处理PPP模式的应用现状。通过对PPP模式在城市生活垃圾分类治理领域的现状分析，有助于更好地认识PPP模式在解决城市生活垃圾问题中的作用，为后续研究PPP模式下的收益分配和风险分担策略奠定基础。

3.2.1 城市垃圾处理PPP模式应用现状

城市生活垃圾处理的政府独立承担模式，需要耗费极大的财力，而引入PPP

模式，政府和社会企业进行资金、技术、管理的合作，可以将处理生活垃圾的责任转移给社会企业，减轻政府压力；此外，随着垃圾产生量的不断上升、资金的日益紧张，政府处理能力不足的现象也越发显著，引入社会资本可以有效、迅速、专业化地克服垃圾处理技术难题。从收益分配的角度来看，引入PPP模式，不仅可以帮助政府释放本该投放的财政资金，而且当项目运行良好时，还有可能产生部分收益，实现政府、非政府部门、居民共赢的局面。从风险分担角度来看，引入PPP模式打破传统的风险全部由政府承担的局限，社会企业部门为了实现收益将更注重风险管控，政府与非政府部门风险共担，双方将采用最优合作方式对冲风险。因此，在城市生活垃圾处理方面，PPP的应用是可行且必要的。

PPP模式的主要有6种运作方式，按照私有化程度由小到大的顺序排列分别为运营与维护合同模式（O&M）、租赁—运营—移交模式（LOT）、移交—运营—移交模式（TOT）、建设—运营—移交模式（BOT）、改建—运营—移交模式（ROT）、建设—拥有—运营模式（BOO）。垃圾处理行业的PPP项目的主要运作方式以BOT为主，占比高达74.2%，其余为BOO、TOT、ROT、O&M。BOT，即政府将垃圾处理责任转移给非政府部门，同时赋予社会企业在约定的时间内向居民收费赚取利润的权利，到期非政府部门将相关资产与权利移交给政府的模式。在BOT模式下，社会企业一般会要求政府部门承诺一定的收益担保，一旦特许期内收益达不到预期水平，就会由政府进行补贴。

生活垃圾PPP项目的操作流程包括政府前期通过各部门联合调查确定项目规模、地点等具体信息，发布招标会；社会企业通过相关资质审核，参加招标会，中标后，社会企业设立项目公司，通过项目公司组织融资获取资金，与建筑公司、设备公司等合作，完成运营前的准备工作；同时，环保、财政等各政府部门应企业的相关资质、资金使用、垃圾处理标准等进行再检测；准备完毕，企业与政府将就收益分配等问题进行协商，确定协议内容；特许期结束后，完成相关权利、设备、厂地的移交，相关工作的交接。其中，项目公司的融资过程是整个项目能否继续推行的关键，在生活垃圾处理行业主要的BOT运作模式下，中标公司通过设立项目公司，由项目公司与金融机构沟通，将政府转移的经营权进行抵押获得项目融资，在特许期内通过项目收益还本付息。

3.2.2 PPP 模式中收益和风险现状分析

PPP 模式具有三个特征，分别为伙伴关系、收益共享与风险共担。即政府与社会企业达成伙伴关系，政府将相关责任转移给社会企业，社会企业负责约定的公共领域的建设或者公共服务的提供；作为交换，社会企业有获得收益的权利；同时，作为项目参与方，政府与社会企业主体需要共同承担项目所存在的风险。

社会企业的收益来源取决于 PPP 模式的回报机制，不同的回报机制所存在的风险也不同。PPP 模式的回报机制一般有三种，即政府付费、使用者付费以及可行性缺口补贴。政府付费是指依据项目服务提供的质量、数量等由政府直接向项目公司付费，常见于公共设施类项目，一些公共交通项目也采用这种方式。在政府付费方式中，社会企业的收入直接来源于政府部门，由此带来的风险也小于其他付费方式；使用者付费是指由最终用户直接付费购买产品或服务，即社会企业的收入来源于使用者，由此带来的风险也最高，波动最大；可行性缺口补贴指在获得的收入不足以覆盖项目运营成本和收回初始投资并获取合理收益，政府需给予社会资本或项目公司财政补贴，在这种方式下，政府与社会企业实现风险共担。

在垃圾处理服务提供上，通常采用 BOT 模式。在 BOT 模式中，一般社会企业会要求政府在收益不理想时进行补贴，即通常使用可行性缺口补贴回报机制，以西安蓝田生活垃圾无害化焚烧热电联产 PPP 项目为例，该项目位于西安市东南约 25 千米处的蓝田县前卫镇王庄村，项目规模为日处理生活垃圾 2250 吨，配置 3 台 750 吨/日机械炉排炉及 2 台 25 兆瓦抽凝式汽轮发电机组。该项目包括项目红线内所有工程的投资以及红线外配套工程投资估算约 10.9 亿元。

在收益来源方面，该项目的收益由三部分组成，分别是垃圾焚烧产生电力收入、供热收入以及政府补贴收入，该项目仅靠售电、供热的收入不能维持项目正常运营，为保持社会资本的积极性，政府将予以财政补贴，采用可行性缺口补助模式，运营期 28 年合计支付补贴费用 10.8 亿元。在垃圾处理费用确定方面，该项目约定，自运行后的第二年起，每三年可就价格进行协商一次①。在风险分担

① 资料来源：西安发布．西安这个项目真环保!［EB/OL］．2021－01－13，https：//baijiahao.baidu.com/s?id=1688774125752526441&wfr=spider&for=pc.

方面，按照风险分配优化、风险收益对等和风险可控等原则，综合考虑政府风险管理能力、项目回报机制和市场风险管理能力等要素，在政府和社会资本间合理分配项目风险。政府更多承担法律、政策等风险。项目建设、运营、金融等商业风险由社会资本承担。建设运营阶段不确定性风选及不可抗力风险由双方协商合理共担。在风险防范方面，该项目的主要方式为风险回避，即不实施可能会发生风险的方案；风险抑制，即降低风险发生概率；风险转移或分散；风险自留，即制定风险应急处置预案。

3.3　城市生活垃圾分类治理 PPP 模式的收益分配

城市生活垃圾处理 PPP 模式的收益分配与风险分担是 PPP 模式顺利开展的关键问题。国内外针对 PPP 项目收益研究主要集中在以下三个方面：一是研究特许期、特许价格等因素对 PPP 项目整体收益带来的影响，分析其影响程度与方向；二是研究项目整体收益在社会企业和政府之间分配的原则以及分配比例；三是利用实物期权方法研究政府在不同收益水平下的担保问题。以上研究在分析影响 PPP 项目整体收益的因素时，多是从特许期、特许价格等方面研究，基本都未考虑政府担保的影响；此外，针对不同收益水平、不同的政府担保价值，项目收益在政府与社会企业投资主体之间到底应该如何分配，多数文献并未进一步研究，也未考虑不同因素的变化对实物期权价值的影响。

由此可知，本部分运用实物期权方法研究政府双边担保对城市生活垃圾处理 PPP 项目收益分配的影响。首先，分析实物期权方法下的项目价值评估；其次，运用 BS 期权定价模型，量化政府双边担保策略带来的项目价值增值；最后，以北京市某垃圾处理 PPP 项目为例进行实证分析，讨论不同签约方式下政府双边担保对城市垃圾 PPP 项目价值增值变化方向的影响，以及通过变动收益分配比例分析政府和社会企业收益增加值的变化规律，并提出合理化的建议。

3.3.1 项目的实物期权特性分析

传统的 PPP 项目价值评估方法为 NPV 法，即在未来项目现金流一定的情况下计算项目价值。然而，由于城市生活垃圾处理 PPP 项目中未来垃圾处理量、收费价格和成本都存在很大的不确定性，传统的 NPV 法往往忽略了这些不确定因素，且净现金流量的测量和折现率较难确定、不能从动态角度直接反映投资项目的实际收益水平，导致对项目的实际收益水平评估不准确。本部分引入实物期权价值评价评估方法，将实物期权运用到生活垃圾处理 PPP 模式中，在此基础上分析实物期权方法下的收益分配策略；并依据该方法进行实证分析，探讨在实物期权方法下的政府双边担保策略所带来的项目价值变化。

实物期权是期权的一种，其底层证券是实物资产。投资者可以灵活决定项目的投资时点、规模、获得政府补贴等，这种柔性的存在使投资者在投资过程中拥有某种选择权，即视为以投资项目本身作为标的物的实物期权。

城市垃圾处理 PPP 项目具有投资规模大、回报周期长、运营不确定性大等特点。传统净现值方法对 PPP 项目价值评估时，其隐含的基本假设与城市垃圾处理 PPP 项目不可逆、收益不确定等特性相违背，导致对项目价值的评估与实际价值偏差过大从而引起不当决策。而实物期权方法将不确定性纳入项目价值评估，在传统净现值法计算出项目净现值的基础上，考虑社会企业与政府部门拥有的决策选择权，并将这种权利量化成为项目价值，能够更完整和精确地评估项目的收益。

此外，实物期权方法还考虑了政府政策变化和市场动态对项目收益的影响，通过量化这些不确定性因素，能够提供更全面的项目价值评估。这种方法不仅提高了项目评估的准确性，还为政府和企业在项目规划和实施过程中提供了更具战略性的指导，帮助决策者在复杂多变的环境中做出更明智的投资决策。

3.3.2 项目价值评估实物期权方法应用

实物期权方法下，项目价值（$NPVT$）可表示为：

$$NPVT=NPV+\Delta V \tag{3-5}$$

式中，$NPVT$ 为项目总价值，NPV 为采用传统净现值方法计算的项目净现值，ΔV 为参与方的选择权给项目带来的价值增值。在计算 ΔV 时，可以借助 Black-Scholes 期权（以下简称 B-S 期权）定价模型，将价值增值量化成具体数额。假设项目收益 R 是随机波动的并且服从几何布朗运动，建立如下期权模型：

$$\mathrm{d}R=\mu R dt+\delta R\mathrm{d}Z \tag{3-6}$$

式中，μ 表示项目的期望收益增长率，r 表示无风险收益率，满足关系 $\mu<r$，δ 表示项目收益波动率，Z 满足几何布朗运动。

看涨期权价值记为 V_c，看跌期权价值记为 V_p。看涨期权价值 V_c 是依赖于项目收益 R 和特许期 T 的函数，由数学家伊藤提出的伊藤引理可以得出 B-S 期权定价模型的公式为：

$$V_c=R_0N(d_1)-R_Ee^{-rt}N(d_2) \tag{3-7}$$

式中，$d_1=\dfrac{\mathrm{Ln}\left(\dfrac{R_0}{R_E}\right)+\left(r+\dfrac{1}{2}\delta^2\right)t}{\delta t^{\frac{1}{2}}}$，$d_2=d_1-\delta t^{\frac{1}{2}}$，$R_0$ 表示项目的资产价值，R_E 表示期权的执行价格，$N(\cdot)$ 表示正态分布的累计函数，t 表示期权截止前时间。

由看跌看涨期权平价公式：

$$V_c+R_Ee^{-rt}=V_p+R_0 \tag{3-8}$$

可得看跌期权的价值为：

$$V_p=R_Ee^{-rt}[1-N(d_2)]-R_0[1-N(d_1)] \tag{3-9}$$

3.3.3 实物期权方法下项目收益分配策略

3.3.3.1 政府双边收益担保期权特性分析

政府双边收益担保政策主要分为补贴与分成。即当城市生活垃圾 PPP 项目预期收益未达到期望的基准收益时，政府对项目收益的差额进行补贴；当预期收益超过基准收益时，对于超过部分，在政府与社会企业之间按照一定的比例进行分配。这使政府的收益担保具有了期权的特性。可以把政府的收益担保看成政府与社会企业主体在特许期内签订了一系列的欧式看跌期权与看涨期权，期权的执行价格为期望的基准收益。

对于签订的看跌期权，政府是期权的卖方，社会企业是买方。当预期收益低于基准收益时，社会企业会选择执行期权，得到相应补偿；反之，社会企业选择不执行期权。对于签订的看涨期权，社会企业是期权的卖方，政府是买方。当项目预期收益高于基准收益时，政府选择执行期权，即针对超过基准收益的部分，政府与社会企业按照一定的比例进行分配；反之，政府不行权。

3.3.3.2　基于政府双边担保的收益分配策略

基于PPP项目政府双边收益担保的期权特性及B-S期权定价模型，建立如下收益分配策略：

在看跌期权中，政府应补偿社会企业的数额为 $V'_p=\gamma_2\max(R_E-R_t,\ 0)$，其中 γ_2 为政府补贴比例，$0<\gamma_2<1$，当预期收益 R_t 小于基准收益 R_E 时，社会企业行权，政府应补偿 $V'_p=\gamma_2(R_E-R_t)$；反之，社会企业不行权，政府补偿金额为0。

在看涨期权中，政府的分成数额为 $V'_c=\gamma_1\max(R_t-R_E,\ 0)$，其中 γ_1 为政府分成比例，$0<\gamma_1<1$。当预期收益大于 R_E 时，政府选择行权，政府应得到的分成为 $V'_c=\gamma_1(R_t-R_E)$；反之，政府选择不行权，政府分成为0。

综上所述，在实物期权视角下，政府双边担保下的收益分配策略如表3-1所示。

表3-1　基于政府双边担保的收益分配策略

主体	收益分配
政府部门	$P_1=V'_c-V'_p=\gamma_1\max(R_t-R_E,\ 0)-\gamma_2\max(R_E-R_t,\ 0)$
企业部门	$P_2=V'_p-V'_c=\gamma_2\max(R_E-R_t,\ 0)-\gamma_1\max(R_t-R_E,\ 0)$
项目整体价值增加值	$\Delta V=\sum_{t=t_1}^{t_2}V'_p+\sum_{t=t_1}^{t_2}V'_c$

由上述分析可知，在政府双边担保策略下，项目价值的增加值实际上由期权价值所决定，期权的价值是一系列变量的函数，即 $V=f(R_0,\ R_E,\ t,\ r,\ \cdots)$，可以看出，期权合约到期时间的变化，将造成期权价值的变化，使项目价值增加值发生变化，从而影响项目的收益分配结果。

在讨论收益分配时，根据期权合约到期时间的不同，将期权合约签订方式分

为两种情况：一种情况是在运营期初期即签订期限为整个运营期的合约，另一种情况是在每个运营期初均重新签订下一个运营期的合约，每个合约期限为1年。由此，可以把期权合约签订方式分为一次签约和分次签约两种情况，前一种情况是一次签约，后一种情况是分次签约，每次合约期限为1年。下面通过对两种签约方式的分析，可以得到不同签约方式下PPP项目增加值最大的策略方案，分析政府补贴及分成比例对项目双方收益造成的不同影响。

3.3.4　实证分析

3.3.4.1　参数设定

北京市生活垃圾年平均增长率为：

$$\mu=\frac{G_t-G_{t-1}}{G_t} \tag{3-10}$$

年波动率为：

$$\delta=\sqrt{\frac{\sum_{t=1}^{14}(G_t-\overline{G})^2}{14-1}} \tag{3-11}$$

基准收益的年增长率：

(1+垃圾处理量的增长率)×(1+处理费用的年增长率)　　(3-12)

式中，G_t 为北京市生活垃圾第 t 年的产生量，$\overline{G}$ 为14年垃圾产生量的平均值。

在北京市统计局网站获取北京市2006~2019年历年生活垃圾产生量（万吨/年）的统计数据。根据计算，北京市平均垃圾产生量增长率为4.82%，波动率即垃圾年产量的标准差为5.30%，14年平均垃圾产生量为657万吨，假设项目特许期为15年，项目运行期初年垃圾处理量为65.7万吨，占北京市垃圾产生量均值的近1/10。将垃圾产生量年均增长率4.82%作为PPP项目特许期内处理垃圾的年均增长率，将通货膨胀率5.4%作为垃圾处理费用的年增长率，将垃圾产生量的年均波动率作为项目收益的波动率，根据式（3-12）计算得到基准收入年增长率为10.48%。无风险利率取1年期定期存款利率1.75%。模型所需主要变量如表3-2所示。

表 3-2 数据详情

主要变量	公式	数值（%）
生活垃圾平均增长率 μ	第 t 年的垃圾产生量与第 $t-1$ 年垃圾产生量的对数	4.82
年波动率 δ	垃圾年产量的标准差	5.30
无风险利率	1 年期定期存款利率	1.75
基准收入的年增长率	（1+垃圾处理量的增长率）×（1+处理费用的年增长率）-1	10.48

中国人民大学发布的《北京市城市生活垃圾焚烧社会成本评估报告》显示，北京市生活垃圾综合管理成本是 2253 元/吨，其中收集、运输和转运成本 1164 元/吨，焚烧填埋成本 1089 元/吨。假设该项目处理一吨垃圾收取的费用为 2300 元，则第一年的预期收益为 15.1 亿元，第一年确定的基准收益为 0.31 亿元。模型所需其他变量如表 3-3 所示。

表 3-3 其他变量

其他变量	数值
特许期	15 年
生活垃圾填埋处置的运行成本	2253 元/吨
通货膨胀率	5.4%
第一年预期收入	15.1 亿元
第一年基准收益	0.31 亿元

资料来源：Trading Economics 官方网站。

3.3.4.2 实证结果分析

(1) 一次签约模式下期权价值变化

在一次签约模式下，考虑政府双边担保策略，在特许期初期即敲定预期收益、基准收益等相关数据，相当于在特许期初期就签订持续期等于特许期的期权合约。

利用 Black-Scholes 模型，得到在项目特许期 15 年内，实物看涨、看跌期权的价值与政府双边担保策略带来的项目价值的增加值的变化趋势，如图 3-1 所示。

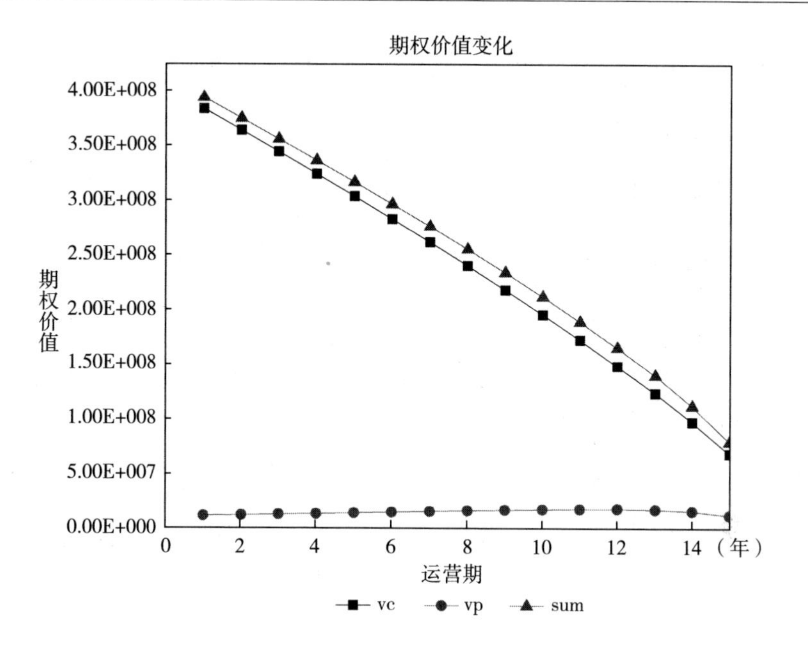

图 3-1　期权价值变化

由图 3-1 可知，在该 PPP 项目案例下，看涨期权价值呈下降趋势但均大于 0；看跌期权价值先上升后下降，在第 12 年达到最大。政府双边担保策略的总价值为 $\max(V_p, 0)+\max(V_c, 0)$，特许期 15 年内，政府双边担保策略总价值均为正，呈下降趋势，基本与看涨期权价值重合，政府双边担保策略给整个项目带来的项目增加值为正，保证了政府部门与社会企业部门均有利可图。

（2）分次签约模式下期权价值变化

在分次签约模式下，政府部门与社会企业部门双方考虑利用实物期权方法考虑政府双方担保策略时，在特许期内，每个运营期末重新考虑下一个运营期的基准收益、预期收益等相关数据，相当于在每个运营期末重新签订下一个运营期的期权合约，每个合约的期限为单个运营期。

利用 B-S 模型，得到分次签约模式下，在项目特许期 15 年内，实物看涨、看跌期权的价值与政府双边担保策略带来的项目价值的增加值的变化趋势如图 3-2 所示。

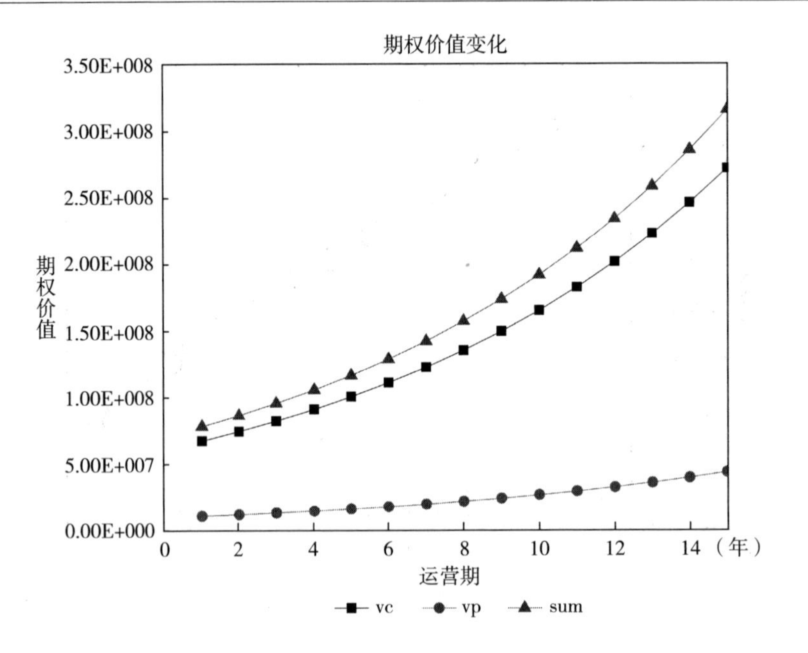

图 3-2 期权价值变化

由图 3-2 可知，在北京市生活垃圾 PPP 项目案例下，看涨期权价值与看跌期权价值均呈上升趋势，但看涨期权价值始终大于看跌期权价值。在特许期 15 年内，政府双边担保策略总价值均为正，处于上升趋势，政府双边担保策略给整个项目带来的项目增加值为正，保证了政府部门与社会企业均有利可图。

（3）一次签约模式下分成与补贴比例变化实证分析

为激励社会企业参与垃圾处理 PPP 项目，假设政府分成比例 γ_1 在［5%，50%］范围内，政府补贴比例 γ_2 在［55%，100%］范围内变化，两者都以 5% 为间隔进行变化，得到政府双边担保策略给政府部门带来的价值变化如图 3-3 所示，$a_1 \sim a_{10}$ 代表对应比例组合（γ_2，γ_1），可以看出，在 10 个不同组合的比例下，政府利益增加值在特许期 1~15 年内呈下降趋势但均大于 0，随着 γ_2 的上升和 γ_1 的下降，政府利益增加值随之上升，当比例组合为（50%，55%）时，在该案例下政府双边担保策略给政府部门带来的利益达到最大。

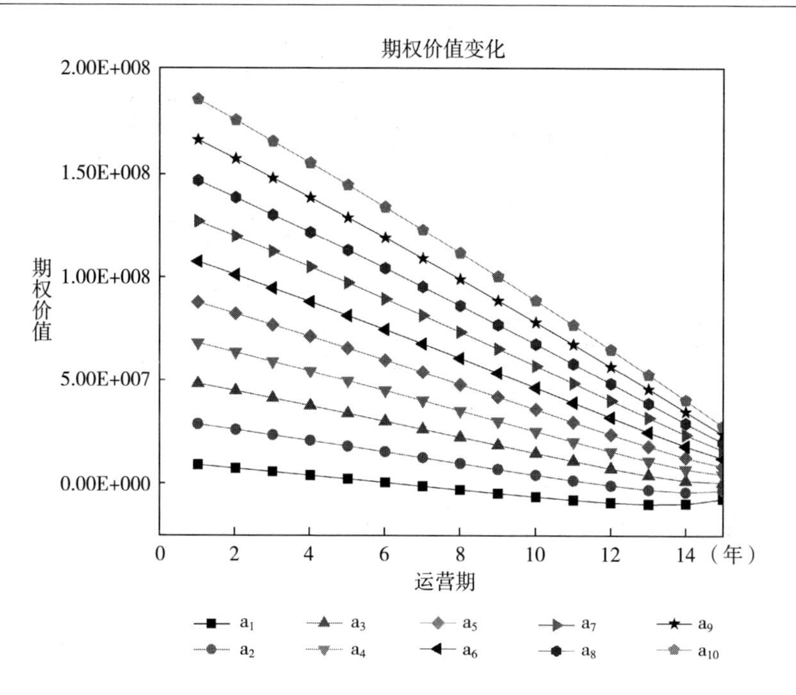

图 3-3　情况一下政府部门价值增值

对于社会企业部门，在不同比例组合下，其利益变化与政府部门相反。如图 3-4 所示，比例组合（γ_2，γ_1），以 5%为间隔进行变化时，政府双边担保策略给社会企业部门带来的项目价值增加值为 0，在此案例下，项目各运营期预期收益均大于基准收益，社会企业部门需要将超额收益与政府部门分成，政府不需要对企业补贴。值得注意的是，当分成与补贴比例为（5%，100%）时，社会企业部门利益由负转正，即在 1~6 年时，企业部门得到的补贴小于分成；在 7~15 年时，企业部门得到的补贴大于分成。

（4）分次签约模式下分成与补贴比例变化实证分析

在期权合约每个运营期末重新签订情况下，针对政府双边担保策略所带来的项目价值的增加值，考虑在不同分成与补贴比例对政府与社会企业利益的影响。

针对政府部门，进行同样的比例变化，从图 3-5 中可以看出，在 10 个不同组合的比例下，政府角度的利益增加值在特许期 1~15 年内存在从正到负的跨度，当比例组合在（20%，85%）~（50%，55%）变化时，随着 γ_2 的上升以及

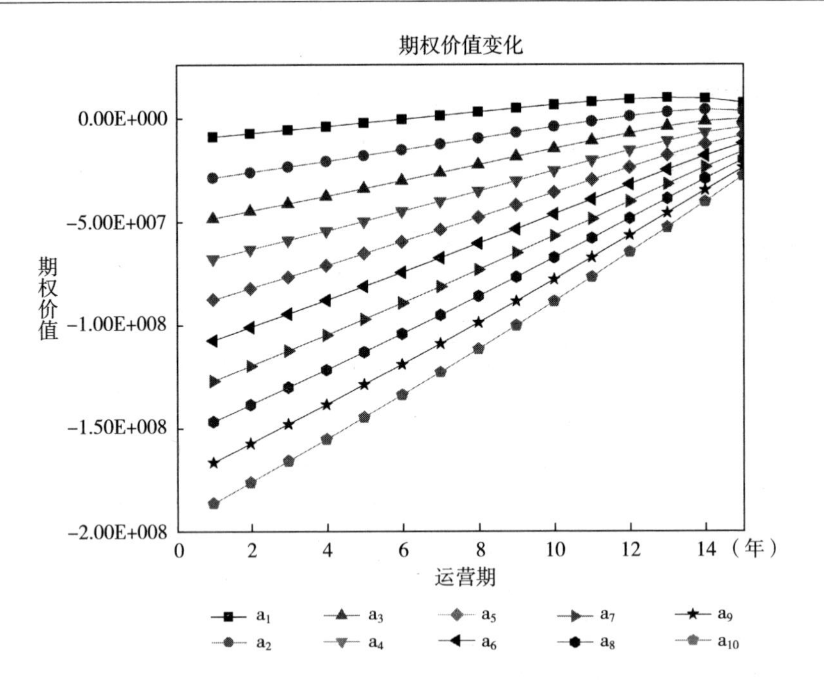

图 3-4　情况一下社会企业部门价值增值

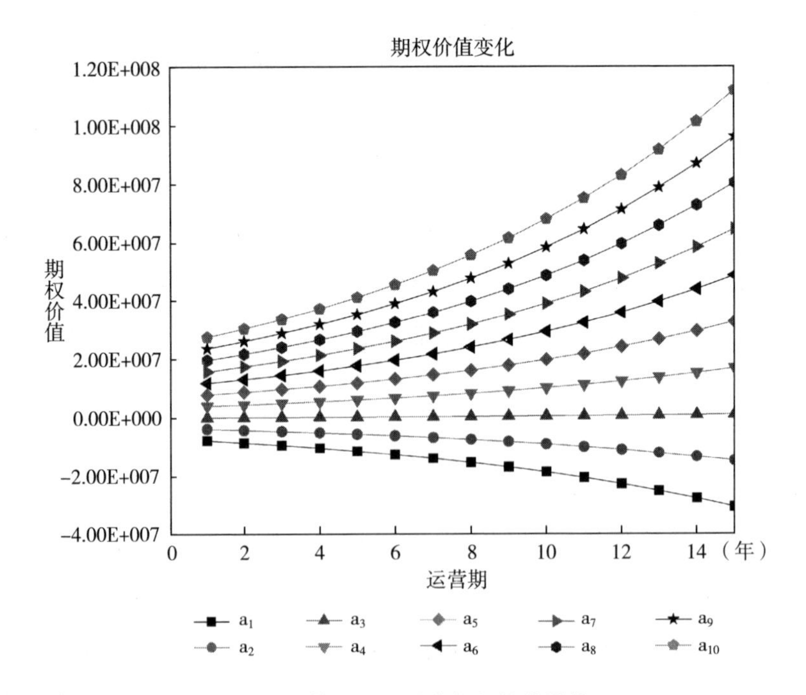

图 3-5　情况二下政府部门价值增值

γ_1 的下降，政府利益随之上升，当比例达到（15%，90%）时，政府部门可能得到的利益分成与补贴之差接近于0，当分成比例一旦小于10%时，在政府双边担保策略下，政府部门获得的利益分成将无法覆盖其对社会企业的补贴。

对于社会企业，如图3-6所示，在10个不同组合的比例下，政府角度的利益在特许期1~15年内存在从负到正的跨度，当比例组合在（20%，85%）~（50%，55%）变化时，随着 γ_2 的上升以及 γ_1 的下降，社会企业利益始终为负，当补贴比例达到（15%，90%）时，社会企业可能得到补贴与提供给政府的分成之差接近于0，当分成比例与补贴比例小于（10%，95%），在政府双边担保策略下，社会企业所获得的利益始终为正且处于上升趋势。

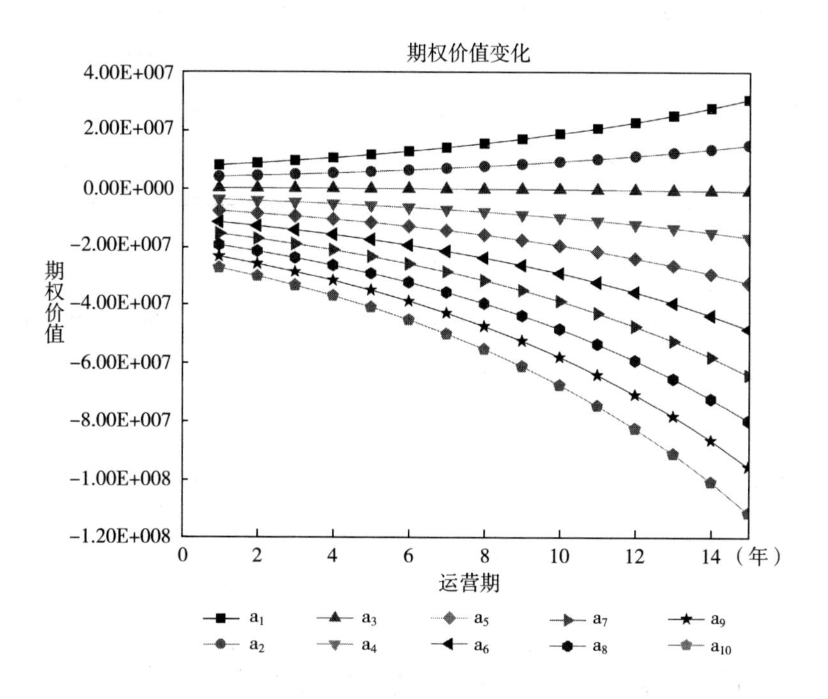

图3-6 情况二下社会企业部门价值增值

对于以上两种情况，可以看出：当一次签订合约时，政府双边担保策略带来的项目价值增加值呈下降趋势；当分次签订合约时，项目价值的增加值呈上升趋势。当一次签订合约时，政府部门价值增加值随着运营期的延长不断下降，社会企业部门价值增加值不断上升；当分次签订合约时与之相反。

3.3.5 结论

第一，收入分配比例存在可行域，可行域需要通过对不同的分成和补贴比例组合不断试错得出。当确定的收入分配比例使得政府与社会企业部门双方收益满足以下两种情况之一时，分配比例处于可行域内：其一，政府双边担保给政府带来的期权价值在各个运营期内均为正值，即各运营期预期收益均大于基准收益，政府均能得到分成，而社会企业又不需要补贴；其二，在政府双边担保策略下，政府部门的收益有正有负，且正负值的绝对值相差不大，即政府部门在某运营期得到的分成可以与其对社会企业的补贴基本抵消，此时政府双边担保收益分配策略对双方都有利。

第二，不同的签约方式给合作双方带来不同的价值增值变化。由于签订合约方式不同，给项目双方带来的价值增值变化方向不同。一次签订合约时，政府部门价值增值前期较高，后期下降，社会企业部门前期较低，后期不断上升；分次签订合约时，政府部门前期较低，后期不断上升，社会企业部门价值增值前期较高，后期下降。一次签约情况下，政府资金回流速度较快，对政府部门有利；分次签约情况下，社会企业资金回流速度较快，对社会企业部门有利。

第三，垃圾收费变动对项目价值变化无影响。由实证分析可知，由于在运营期初期就已经对相关预期收益、基准收益进行协商确定，政府双保担保策略下项目价值增值不会发生改变。

3.4 城市生活垃圾分类治理 PPP 模式的风险分担

城市生活垃圾处理涉及范围广、环节多、产业链长，由政府承担主体责任的垃圾处理模式一方面带来了巨大的财政压力，另一方面导致了高成本、低产出的处理效率，政府与社会企业主体合作的 PPP 模式被运用到城市垃圾处理领域。

PPP模式的核心问题，是政府与社会企业的收益分配与风险分担策略，既决定了政府能否吸引到社会企业进行投资，也决定了PPP模式能否在该领域顺利开展。本部分运用实物期权方法，量化分析政府双边担保策略带来的项目价值增值；运用风险涵摄方法，量化分析PPP模式风险分担策略，探寻不同风险因素下政府与社会企业收益的变化规律。

3.4.1 风险主体和风险因素分析

3.4.1.1 风险主体分析

城市生活垃圾PPP项目本质是政府将生活垃圾处理的责任转移到社会企业部门，由此产生的收益吸引社会企业部门承担这部分责任。城市生活垃圾PPP项目从立项、建设、转移、运营等阶段，到居民将处理垃圾的费用由交付给相应环保部门，再到交给私人部门的转变过程，均存在许多的参与主体，生活垃圾PPP项目涉及主体较多，而每一个主体的参与都带来了一定的风险因素，均为风险承担主体。下面主要介绍风险主体的行为特征：

1）政府：政府部门作为生活垃圾处理的原始承担方，将垃圾处理责任转移到社会企业；政府部门是整个PPP项目的牵头方，同时由于政府的特殊地位，使其在整个PPP项目中处于领导地位，造成了政府部门与社会企业的地位不平等现象。政府部门要将生活垃圾处理的责任进行转移必须吸引社会企业参与到项目中，因此政府部门需要做到：第一，完善相关法律法规、制定相应标准；第二，召开招标会，审核资质，对有资质的社会企业公开招标，选择合适的主体；第三，协调各方资源，以帮助PPP项目顺利推进，必要时通过政府引导基金为项目融资。

2）社会企业：社会企业即代替政府部门承担生活垃圾处理责任的主体，是项目的发起人之一，也是项目的重要执行者。社会企业参与进生活垃圾处理PPP项目需要做到：第一，获得相应资质，通过资质审核，参与政府部门召开的招标会，通过中标，得到处理生活垃圾的责任与权利；第二，与政府签订合约，就合约内容与政府部门协商，以期获取最大利益。

3）融资部门：城市生活垃圾处理PPP项目从立项开始需要大量资金周转，

非政府部门建设、运营环节中，均需要大量资金；政府部门在项目运营期内，若项目预期收益低于基准收益，需要对社会企业进行补贴，需要资金来源。融资部门参与进 PPP 项目中，需要对该项目进行风险评估，若项目运营期中收益无法保证或中途无法继续运转，融资部门需要承担资金无法回笼的风险，因此，政府部门在立项时，需要为该项目背书，吸引相应融资部门提供资金。

4）当地环卫部门：作为政府承担生活垃圾处理责任的外化责任承担方，环卫部门参与进 PPP 项目执行过程中，将处理生活垃圾的责任转移给社会企业，同时，也要将向居民收取垃圾处理费用的权利转移给社会企业。居民产生的生活垃圾由当地环卫部门为中介转移给社会企业，同时社会企业也能也借助环卫部门的权威性向居民收取相应垃圾处理费用。

5）其他部门：包含在城市生活垃圾处理 PPP 项目建设期、运营期中，参与进项目的其他主体，如建设公司，承担生活垃圾处理厂的建设与维护工作；设备供应商，提供相应垃圾处理设备；咨询公司，对社会企业参与进该项目中的财务、法律、物有所值问题进行评估，对社会企业扩大或缩小规模等决策进行辅助性支持等。

在生活垃圾 PPP 项目中，各风险主体的关系如图 3-7 所示。

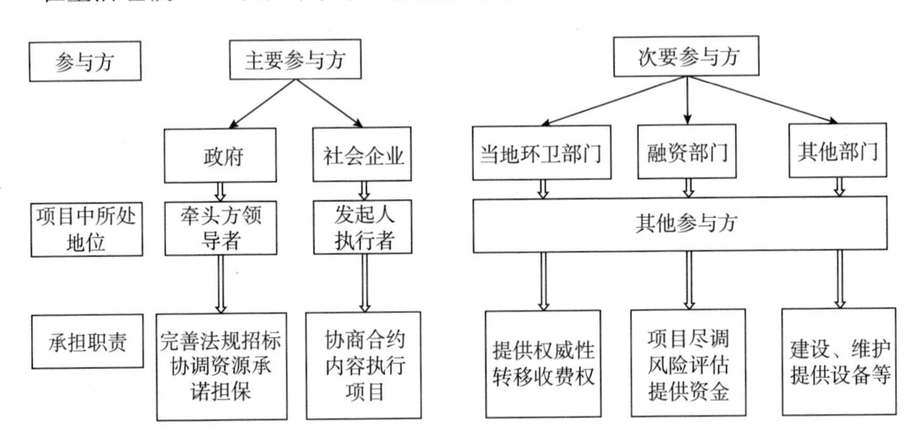

图 3-7　各风险主体的关系

3.4.1.2　风险因素分析

在以期权方法分析政府担保给项目带来的价值增值以及对双方收益的影响

时，垃圾的产生量以及宏观经济环境也是影响期权价值的关键因素。下面对需求资金、政策因素、垃圾处理费用、垃圾产生量以及宏观经济环境产生风险的原因进行分析。

（1）需求资金量大

城市生活垃圾处理PPP项目属于资金密集型企业，在固定资产方面需求资金量较大，比如项目建设期需要建设垃圾处理厂、购买相应设备等；因此项目初期所需资金较多，项目建设完毕，在运营期时又需要资金维护设备。对于生活垃圾PPP项目，如果没有融资机构的支持，收回投入资金的难度较大，而且时间较长；融资机构的支持需要项目运行之前政府部门大力引导金融机构参与。

（2）受政策变化影响大

生活垃圾的产生严重影响着每位居民的生活环境，处理生活垃圾原本是政府的职责，PPP项目的推进使政府可以将此项责任转移给社会企业，从生活垃圾的处理者变成了项目的监督者、参与者，但是政府仍然是相关政策的制定方、项目的主导方。政府制定的政策一旦发生改变，对生活垃圾处理项目的影响巨大，如对生活垃圾处理标准的提高，会导致生活垃圾处理成本的上升，甚至导致整个处理环节的改变；政府关于相关税收、补贴政策的改变，会直接导致项目的利益变化。政府作为整个项目的发起方、主导方，尽最大的能力保证社会企业的收益以吸引社会企业参与进PPP项目中，对于相关政策的变化导致项目利益的改变，应在协商环节加以考虑，综合考虑各类政策的变化带来的影响，以增加社会企业部门的吸引，保证收益。

（3）垃圾处理费用不统一

城市生活垃圾处理PPP项目作为资金密集型企业，所需资金量大，而对居民收取的垃圾处理费用是项目收益的来源，对于不同地区的垃圾处理费用没有固定规定，各企业收取的费用也不尽相同，因此垃圾处理费用相差较大。如果收取的垃圾处理费用较高，引起居民不满，甚至质疑政府推行PPP项目的原始目的，就不利于PPP模式的推进；如果收取的垃圾处理费用较低，则不利于社会企业部门收回投入资金，面临巨大亏损，同样不利于PPP模式的推进，尽管在收益较低时，社会企业可能获得政府部门的补贴，但这也使政府陷入财政资金紧张的困境中，背离了政府推行 PPP 模式以减轻财政负担的初心。因此，垃圾处理费用的变化，是整个项目能否成功以及 PPP 模式能否继续推进的重要影响因素。

(4) 受生活垃圾产生量波动影响

与生活垃圾处理费用相同，生活垃圾产生量同样影响着 PPP 项目的收益，虽然生活垃圾产生量近年来不断上升，给 PPP 项目提供了足够的生活垃圾来源，但作为对 PPP 项目有着重要影响的变量仍需得到关注。

(5) 受宏观经济影响

生活垃圾处理 PPP 项目运营期较长，对于政府部门来说，需要对社会企业部门进行补贴，资金来源是财政资金，财政资金是否充足受到宏观经济形势的影响；对于社会企业来说，收益是否与预期相符，和宏观经济形势有着很大的关系。

3.4.2 风险识别与风险涵摄

3.4.2.1 风险识别

城市生活垃圾 PPP 项目面临的风险可划分为以下四类进行识别，如表 3-4 所示。

表 3-4 风险类型与具体表现

风险类型	具体表现
政策不确定性风险	政策变化大
垃圾处理收费波动性风险	垃圾处理费用过低或过高
垃圾产生量波动性风险	垃圾产生量不稳定
宏观经济环境不稳定性风险	宏观经济形势波动

(1) 政策不确定性风险

政府将生活垃圾处理责任通过 PPP 项目转移给社会企业之时，政府和企业双方都会详细了解国家相关政策。对于政府部门来说，需要详细了解关于非政府部门资质审核、政府委托非政府部门建设运营以及运营期末相关权利、资产的回收问题等相关的国家的法律法规。对于社会企业，需要详细了解关于相关资质、

国家关于生活垃圾处理的标准制定、环保等相关政策。因为政策具有一定的不确定性，而国家政策一旦改变，对整个 PPP 项目的影响是颠覆性的，会直接导致城市生活垃圾处理环节的增减，甚至技术革命，从而改变垃圾处理成本。

（2）垃圾处理费用波动性风险

垃圾处理费用是 PPP 项目的收益来源，也是社会企业参与 PPP 项目的驱动之一，是政府吸引社会企业的主要吸引力所在；垃圾处理收费也是项目运转中周转资金的主要来源，决定着项目能否继续推进以及之后扩大或缩小规模。垃圾处理收费过低，将导致项目入不敷出，有“破产”的可能，也将导致政府关于 PPP 模式推进的政策性决策陷入僵局，没有社会企业愿意参与进 PPP 项目中；垃圾处理费用过高，将使公众产生疑虑，不利于 PPP 项目的继续推进，并且会对政府部门的公信力造成影响。

（3）生活垃圾产生量波动性风险

与垃圾处理收费影响相同，生活垃圾的产生量与垃圾处理收费相结合直接影响着项目收益，但生活垃圾产生量波动引起的收益下降风险相对较小，因为居民产生的生活垃圾很难有大幅度的下降，生活垃圾产生量一定程度上的稳定性，也保证了 PPP 项目收益来源。

（4）宏观经济环境不稳定风险

生活垃圾处理 PPP 项目资金量大、周期长，项目初期的建设与项目中期的运营都和宏观经济环境有着密不可分的关系，因此宏观经济的变化也是项目运营的一大风险点。

3.4.2.2　风险涵摄

对城市生活垃圾 PPP 项目从立项、建设、转移，运营全过程进行风险识别，在此基础上进行风险涵摄，即确定风险主体带来的风险点与收益变化之间的关系，具体而言，就是找到风险点影响政府双边担保价值的最终指标。四大风险主体（政府、社会企业、融资部门、环卫部门），以及对应的风险点，通过风险涵摄的方法找到其影响政府双边担保价值的中间指标，通过对指标进行分析，得出政府双边担保价值的变化规律。风险涵摄过程如下：

（1）政策变化

政策的不确定性，如垃圾处理标准的提高、环保要求的提高等，直接影响着垃圾处理成本；垃圾处理成本的改变影响着项目收益，在政府双边担保策略下，项目收益的波动决定着政府分成与补贴的改变，因此，考虑政府分成与补贴的比例变化以分析政策的不确定性。

政策变化影响路径如图 3-8 所示。

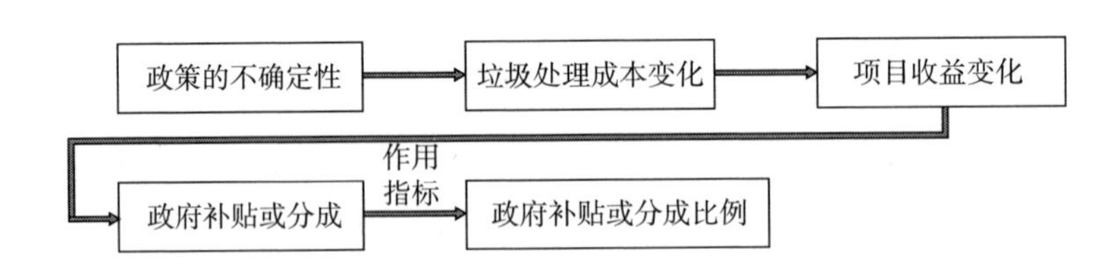

图 3-8　政策变化影响路径

（2）垃圾处理收费

垃圾处理收费是项目收益的主要来源，直接影响预期以及基准收益的变化。

垃圾处理收费影响路径如图 3-9 所示。

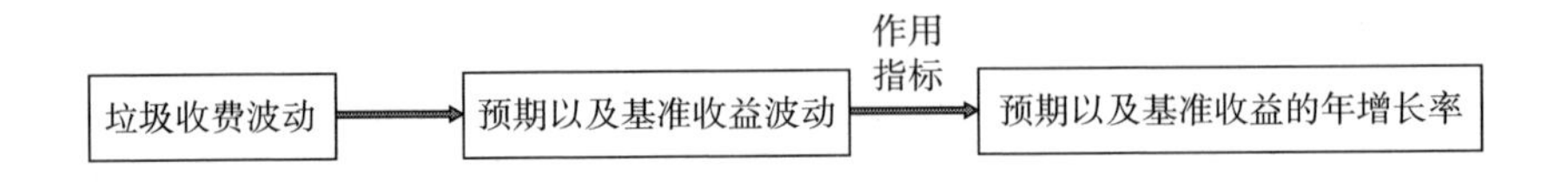

图 3-9　垃圾处理收费影响路径

（3）垃圾产生量

与垃圾处理收费相同，是项目收益的主要来源。

垃圾产生量影响路径如图 3-10 所示。

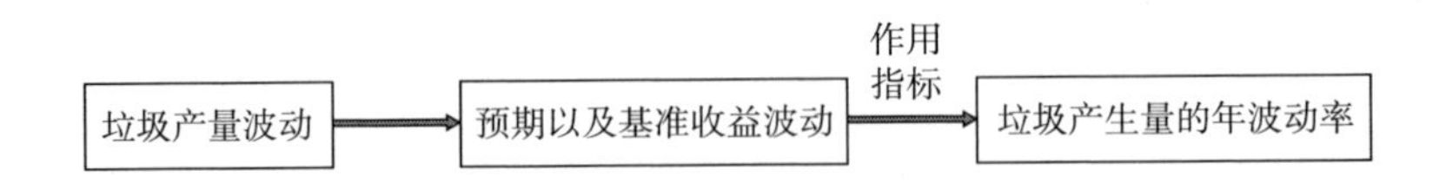

图 3-10　垃圾产生量影响路径

（4）宏观经济形势

宏观经济形势的变化影响着项目预期经济收益以及政府财政情况，以无风险利率 r 的变化代表宏观经济形势的变化。

宏观经济形势影响路径如图 3-11 所示。

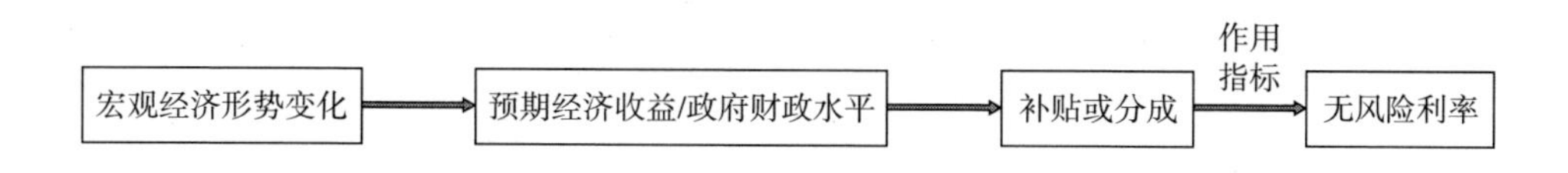

图 3-11　宏观经济形势影响路径

3.4.3　风险分担方法与实证分析

3.4.3.1　敏感性分析方法

敏感性分析是指定量分析某指标变化对另一个指标的影响，常用于投资决策中，用来分析某指标变化对项目价值或利润的影响。在研究生活垃圾 PPP 项目风险分担时，采用敏感性分析法，通过对垃圾产生量、垃圾处理收费、分配比例以及无风险利率进行变化，得到对应期权价值或项目价值增值的变化大小与方向。一方面，模糊了风险的承担方，一个风险点的变化对双方收益均会产生影响，双方均是风险的承担方；另一方面，采用敏感性分析法可以将风险点与收益更加紧密地结合在一起，直接考虑风险的产生对收益的影响，从而更直接地找到风险对冲方法。

（1）垃圾产生量变化对政府双边担保价值的影响

垃圾产生量变化对政府双边担保价值的影响主要体现在垃圾产生量的波动率上，北京市垃圾产生量波动率为 5.3%，将波动率设定在［4%，6%］，以 0.1% 为步长进行变化，利用 Excel 模拟运算表得出政府双边担保策略下看涨与看跌期权的价值变化如图 3-12、图 3-13 所示。

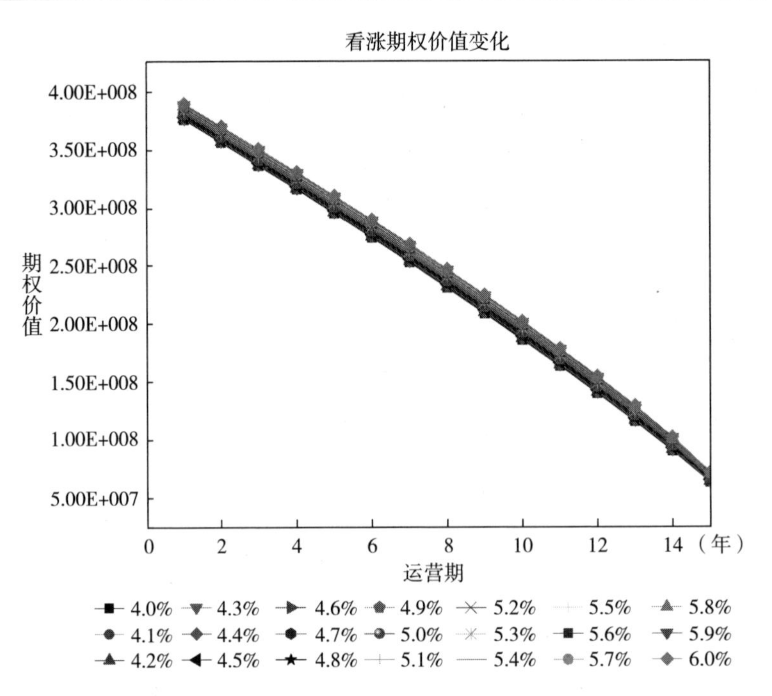

图 3-12　情况一下看涨期权价值变化

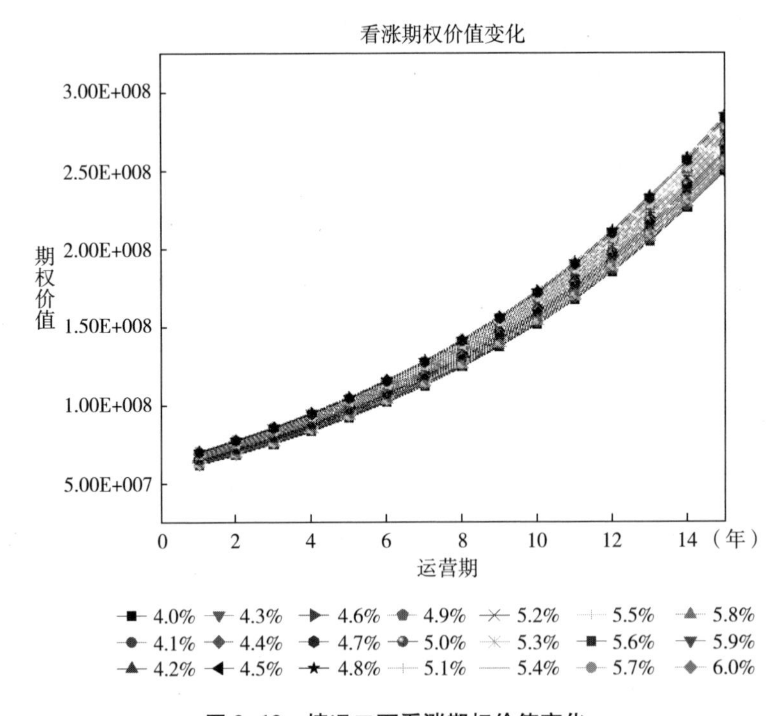

图 3-13　情况二下看涨期权价值变化

通过图3-12与图3-13可知，随着垃圾产生量波动率从［4%，6%］的不断增加，两种情况下的看涨期权价值均呈上升趋势。对于一次签订期权合约以及每个运营期末签订期权合约两种情况下，在不同的波动率下，看涨期权价值变化均不大。

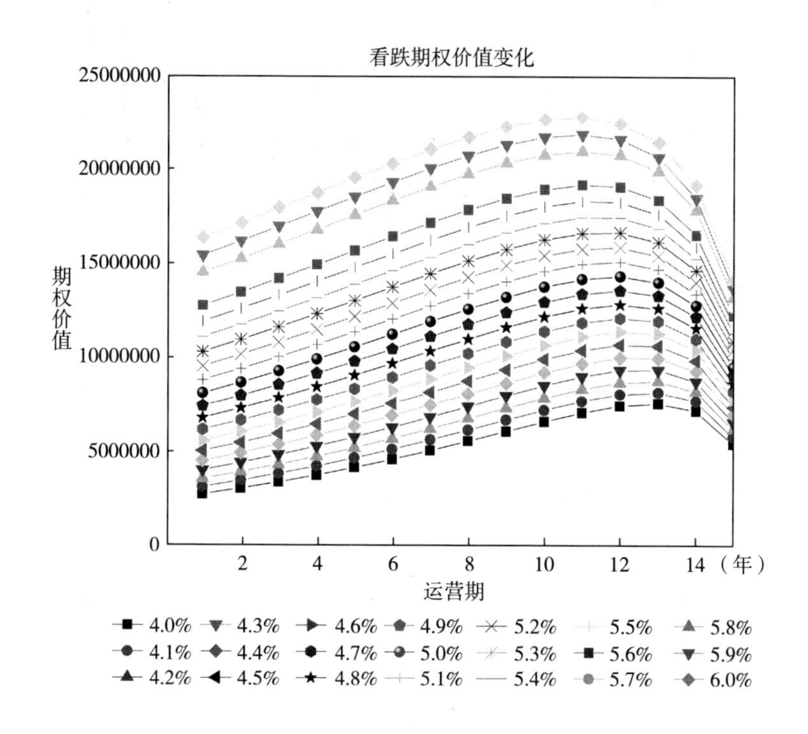

图3-14 情况一下看跌期权价值变化

通过图3-14与图3-15可知，随着垃圾产生量波动率从［4%，6%］的不断增加，两种情况下的看跌期权价值均呈上升趋势。两种情况下，在不同的波动率下，看跌期权价值变化幅度相当。

（2）垃圾处理收费对政府双边担保价值的影响

垃圾处理收费对政府双边担保价值的影响体现在收益率的变化上，北京市垃圾产生量波动率为10.48%，将波动率设置在［8%，12.4%］，以0.4%为步长进行变化，利用Excel模拟运算表得出政府双边担保策略下看涨与看跌期权的价值变化如图3-16、图3-17所示。

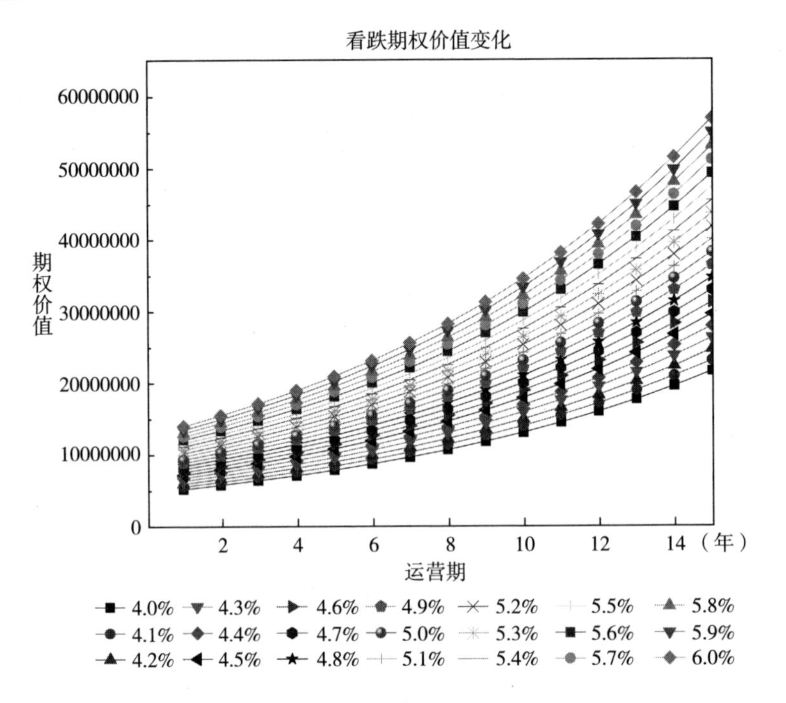

图 3-15　情况二下看跌期权价值变化

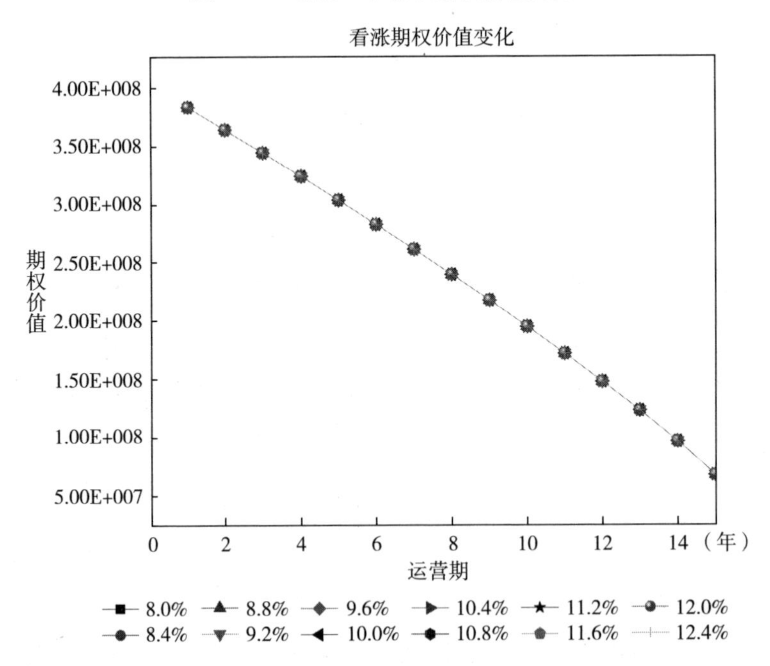

图 3-16　情况一下看涨期权价值变化

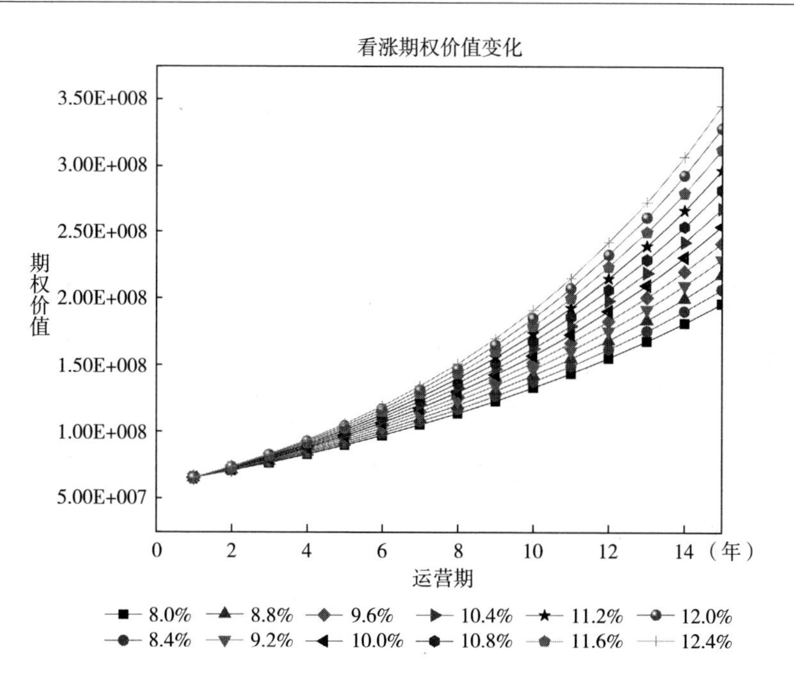

图 3-17　情况二下看涨期权价值变化

由图 3-16 与图 3-17 可知，随着收益年增长率在［8%，12.4%］的不断增加，情况一，一次签订期权合约的看涨期权价值没有发生改变，这是因为一次签订期权合约，即在运营期初期就协商确定的预期收益与基准收益，无论垃圾处理费用怎么改变，预期收益与基准收益均不发生改变；情况二，各个运营期末均重新签订期权合约，看涨期权价值变化随着收益年增加率的增加而不断上升。

由图 3-18 与图 3-19 可知，随着收益年增长率在［8%，12.4%］的不断增加，情况一，一次签订期权合约的看跌期权价值与看涨期权价值变化相同，均没有发生改变，看跌期权价值保持先上升后下降，在第 12 个运营期达到最大值；情况二，各个运营期末均重新签订期权合约，看跌期权价值变化随着收益年增加率的增加而不断上升。

3.4.3.2　政府分成与补贴比例的变化对政府双边担保价值的影响

政府分成与补贴比例的变化对政府双边担保价值的影响可以通过变化分成与补贴比例分析得出，将分成比例设置在［5%，100%］，以 5% 为步长不断增加；

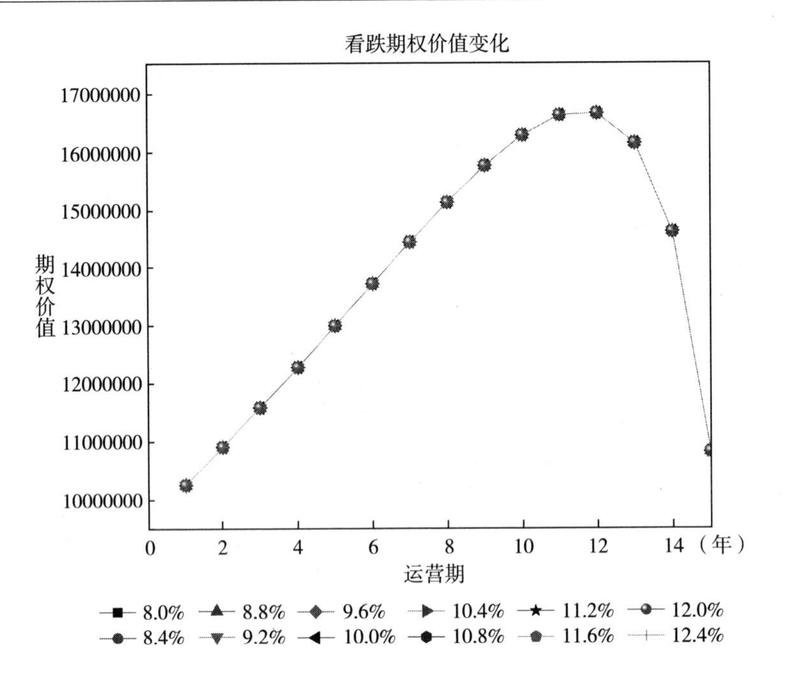

图 3-18 情况一下看跌期权价值变化

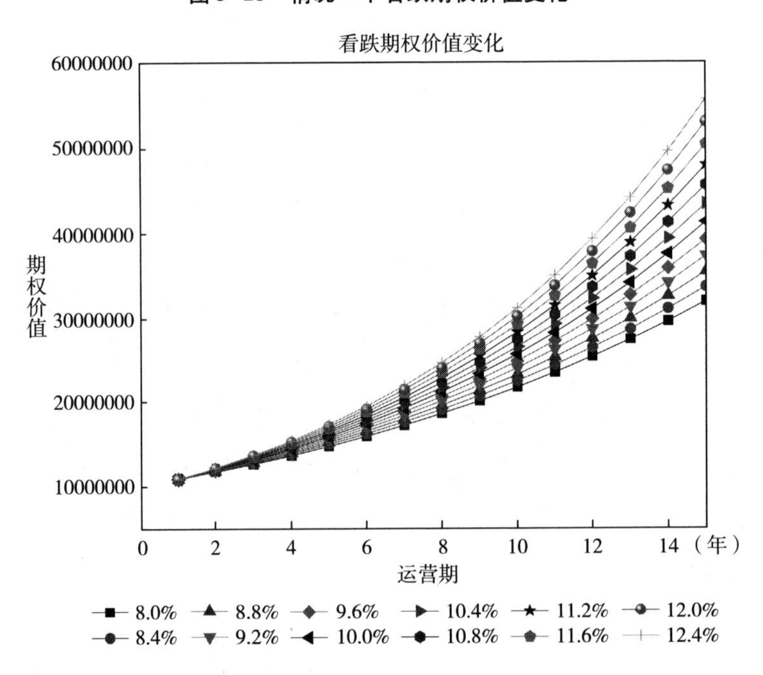

图 3-19 情况二下看跌期权价值变化

补贴比例设置在［100%，5%］，以 5%为步长不断降低，得出以第一年政府角度下，政府双边担保策略下，带来的项目价值增加值，并在 Origin Lab 中绘制 3D Surface 图，如图 3-20 与图 3-21 所示。

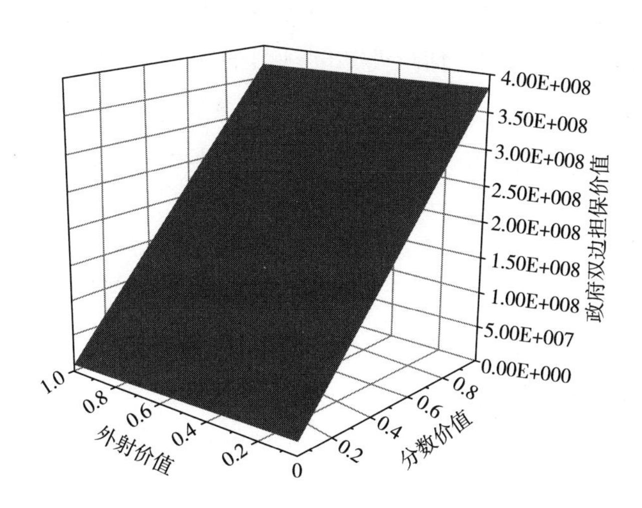

图 3-20　情况一下政府双边担保价值变化

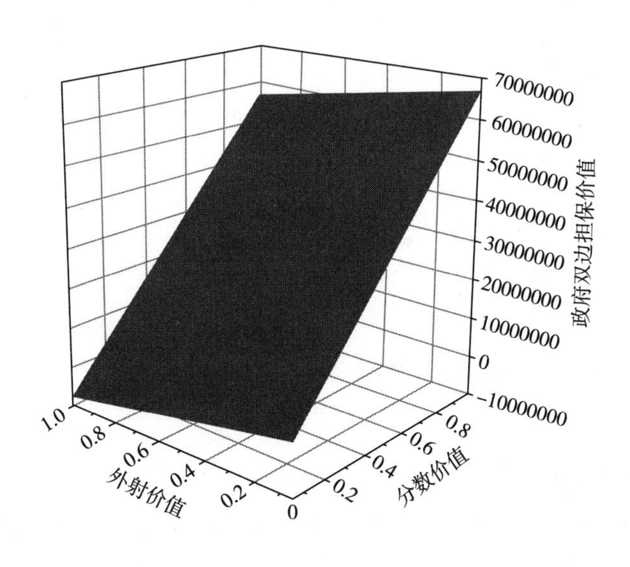

图 3-21　情况二下政府双边担保价值变化

由图 3-20、图 3-21 可知，在情况一以及情况二下，随着政府分成比例的上升以及补贴比例的下降，政府角度中，政府双边担保策略下，带来的项目价值增加值处于不断上升趋势。

3.4.3.3　无风险利率变化对政府双边担保价值的影响

宏观经济形势的变化对生活垃圾 PPP 项目的影响通过无风险利率 r 来实现，将无风险利率 r 在［1%，3%］中，步长为 0.1%进行变化，得出政府双边担保策略下看涨与看跌期权的价值变化如图 3-22 与图 3-23 所示。

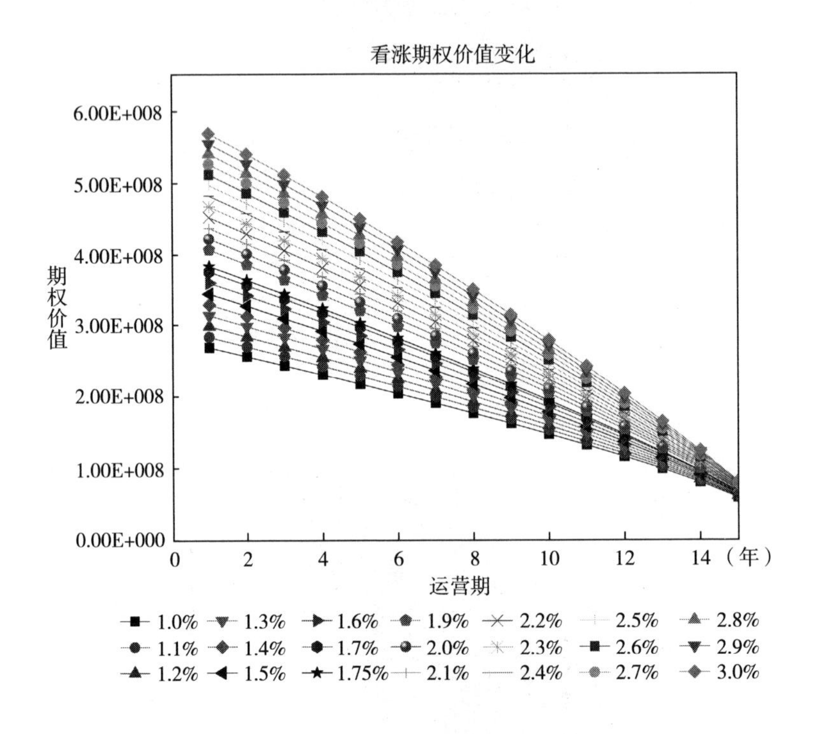

图 3-22　情况一下看涨期权价值变化

由图 3-22 与图 3-23 可知，当无风险利率 r 在［1%，3%］，步长为 0.1%进行变化时，在情况一与情况二下，看涨期权价值均随着无风险利率的上升而上升，且幅度较大。看跌期权价值变化如图 3-24 与图 3-25 所示。

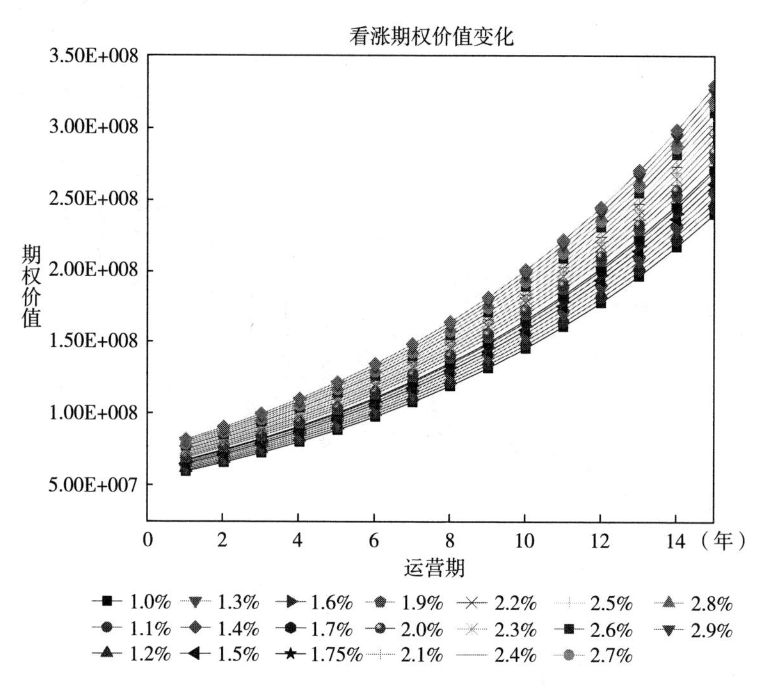

图 3-23 情况二下看涨期权价值变化

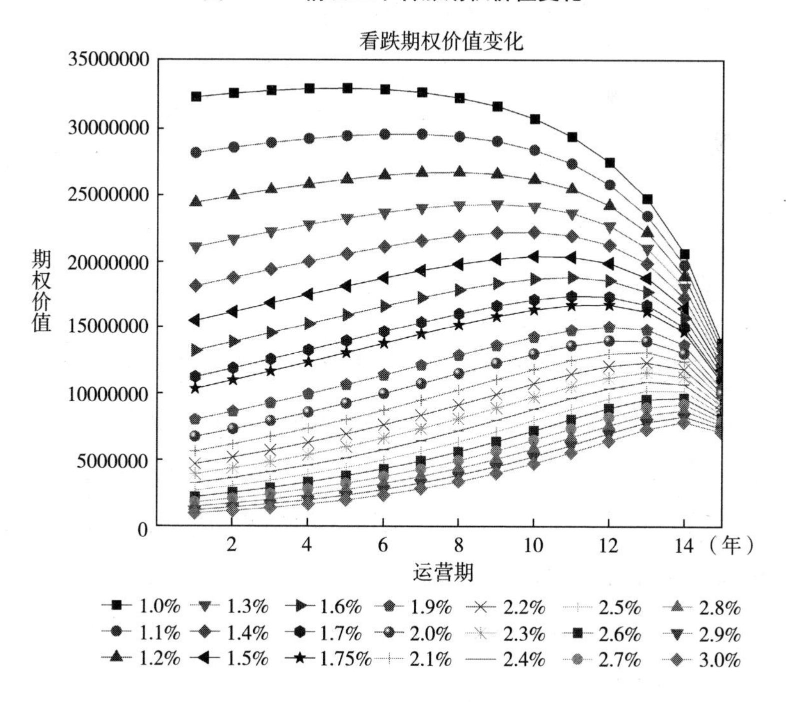

图 3-24 情况一下看跌期权价值变化

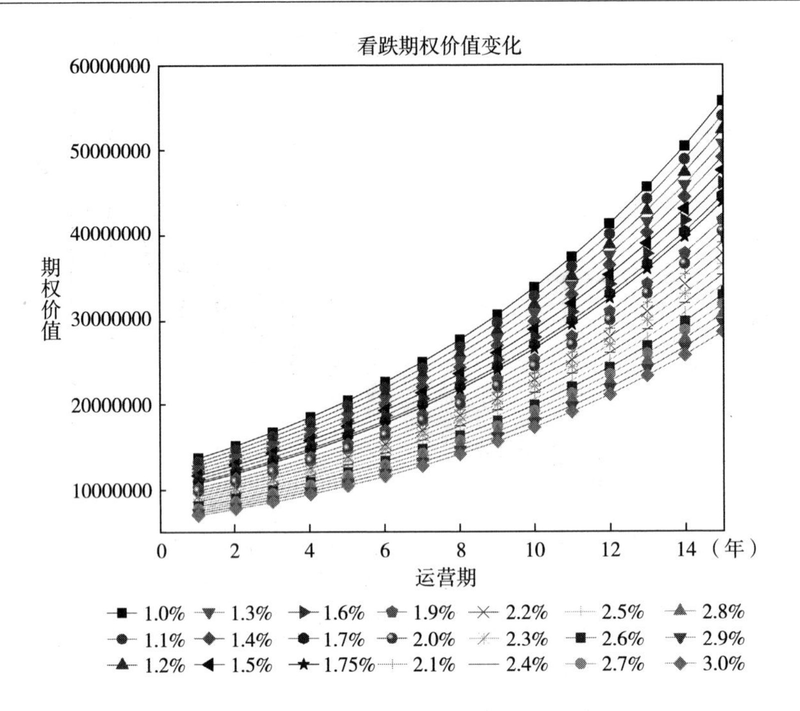

图 3-25 情况二下看跌期权价值变化

由图 3-24 与图 3-25 可知，当无风险利率 *r* 在［1%，3%］中，步长为 0.1%进行变化时，在情况一与情况二下，看跌期权价值均随着无风险利率的上升而下降，且幅度较大。

3.4.4 结论

在城市生活垃圾处理 PPP 项目中，参与方众多，风险点也众多。本部分重点分析政府部门与社会企业部门两方在 PPP 项目运营期存在的主要风险点，包括政策不确定性、垃圾处理收费不统一、垃圾产生量波动以及宏观经济形势，对 PPP 项目中存在的风险因素进行风险识别和风险涵摄，探寻不同风险因素下政府与社会企业收益的变化规律，结论如下：

一是垃圾产生量波动对政府所持有的看涨期权价值影响不明显，对社会企业持有的看跌期权影响较大。

对于垃圾产生量风险点，将其涵摄到垃圾产生量波动率指标中，由实证分析

可知，当垃圾产生量波动率上升时，两种情况下看涨及看跌期权价值均呈上升趋势，但两种情况下看涨期权价值对垃圾产生量的波动率的敏感性均不高。因此，当垃圾产生量波动率上升时，看涨期权价值增加量将无法覆盖看跌期权价值的增加量，导致政府双边担保策略下给政府部门带来的价值增值下降，政府将要更多的补贴社会企业；同时，当垃圾产生量波动率下降时，政府双边担保策略下给社会企业带来的价值增值将下降，社会企业将更多地与政府进行分成。

二是一次签订期权合约情况下，垃圾收费变动对项目价值无影响，分成签订合约情况下，两者同方向变动。

对于垃圾处理收费风险点，将其涵摄到预期以及基准收益的年增长率中，由实证分析可知，对于一次签订期权合约情况，在运营期初期就已经对相关预期收益、基准收益进行协商确定，在以后的各个运营期无论垃圾处理收费怎么变化，预期以及基准收益均不会发生改变，因此政府双保担保策略下项目价值增值不会发生改变；对于各个运营期末重新签订期权合约，随着收益率的上升，政府双保担保策略下项目价值增值不断上升。

三是双边担保策略给政府部门带来的价值随分成比例上升而上升，随补贴比例下降而下降，对于社会企业部门则相反。

对于政策的不确定性风险点，将其涵摄到政府分成与补贴比例中，由实证分析可知，随着政府分成比例的上升与补贴比例的下降，政府双边担保策略给政府带来的价值增值不断上升。

四是宏观经济环境变动对政府与社会企业部门影响相反。

对于宏观经济形势风险点，将其涵摄到无风险利率 r 中，由实证分析可知，两种情况下，看涨期权价值均随着无风险利率 r 的上升而上升，看跌期权价值均随着无风险利率 r 的上升而下降，因此当 r 上升时，政府双边担保策略的存在更有利于政府部门；当 r 下降时，更有利于社会企业部门。

第 4 章　城市生活垃圾资源化产品定价策略研究

随着城市生活垃圾分类的实施，上游回收体系加快建立，回收行业正逐渐为资源化加工行业提供充足的毛料供给；下游资源循环利用产业快速发展，对再生原料的需求逐渐高涨。在此背景下，城市生活垃圾资源化加工行业将迎来较快发展。

在生活垃圾资源化加工行业发展的进程中，资源化产品的定价策略对企业的经营决策和行业的持续发展具有重要影响。同时，随着碳排放权交易机制的逐步推广，碳排放权交易将对资源化产品的成本和定价产生一定影响。相比以自然资源为原料的原生材料，资源化产品生产过程的碳排放较少，属于低碳排放产业。在碳排放权交易机制下，资源化产品生产商可以出售结余的碳排放权，获得相应的收益，从而提高资源化产品的竞争力。2024 年 1 月，国务院发布了《碳排放权交易管理暂行条例》，进一步推动了碳排放权交易机制在我国的实施。该条例规范了碳排放权交易及相关活动，明确了碳排放权交易的基本制度安排，为碳市场的健康发展提供了强大的法律保障。因此，在城市生活垃圾资源化加工行业发展的背景下，深入研究碳排放权交易机制对资源化产品定价策略的影响，对于引导资源化产品生产商的生产运营决策，促进资源化产业的健康发展具有重要意义。

在此背景下，本部分将对城市生活垃圾资源化产品的定价策略展开研究。首先，分析了资源化产业发展现状及资源化产品的价格形成机制。其次，探讨了碳

排放权交易机制下的资源化产品定价策略。最后，基于利润最大化，分别构建无碳排放限制与碳排放权交易机制下，原生材料生产商、资源化产品生产商和下游利用厂商竞争博弈模型，求解两种碳排放政策下原生材料生产商、资源化产品生产商的最优定价，并通过对比分析碳排放权交易机制对原生材料和资源化产品最优定价决策的影响，同时利用 Matlab 对碳排放权交易机制下最优利润的影响因素进行算例分析，以期为企业的经营决策提供参考借鉴。

本部分的研究不仅有助于丰富资源化产品的定价及决策理论，开拓资源化产品定价的研究思路，为低碳经济下生活垃圾资源化产品定价的相关理论研究提供新视角。同时揭示了碳排放权交易机制对资源化产业运作的影响，为生产商在碳排放权交易机制下的资源化产品生产和定价决策提供参考依据，引导生产商的生产运营。

4.1　概念界定、理论基础和研究现状

城市生活垃圾资源化利用是实现循环经济发展的重要环节，对于缓解资源环境压力、促进绿色发展具有重要意义。随着生活垃圾分类制度的推行和资源化产业的快速发展，亟须深入探讨生活垃圾资源化产品的定价策略，为资源化产业的健康发展提供理论支持。因此，本部分将梳理生活垃圾资源化产品定价的理论基础和研究现状，为后续研究奠定了基础。

4.1.1　概念界定

在界定资源化产品概念之前，首先界定再生资源概念。再生资源概念对应的是原生资源，是指在社会生产和生活消费过程中产生的，已经失去原有全部或部分使用价值，经过回收、加工处理，能够使其重新获得使用价值的各种废弃物。原生资源是指人类从自然界直接获取的、未经人类加工转化的自然资源，即来自自然界的原始资源，如水资源、矿产资源、生物资源、能源资源、海洋资源、土

地资源、气候资源等。报废机动车、废有色金属、废电池、废弃电器电子产品、废塑料、废轮胎、废纸、废钢铁、废旧纺织品、废玻璃是我国再生资源的十大品种。再生资源涵盖社会生产和生活消费过程，概念范畴大于生活垃圾可回收物。城市生活垃圾中的可回收物是生活中的再生资源。

资源化产品是指废旧产品经资源化处理后所形成的产品，废旧产品的资源化分为三种：再制造、再利用、再循环，相应的资源化产品为再制造产品、再利用产品以及再生材料。再制造就是让废旧产品恢复活力的过程，拆解原有产品，采用专门的再制造工艺和技术，重新制造产品出来，并且其在质量和性能上都不小于新品。再利用是将废旧产品进行简单翻新后继续使用，显然，再利用产品的质量低于新品。再循环是将废旧产品进行破碎分选、改性等再生利用后形成再生材料，并将再生原料再次流转进生产中，而且再生材料的形态已跟资源化前的新产品截然不同。废旧产品的三种资源化处理的流程如图 4-1 所示。

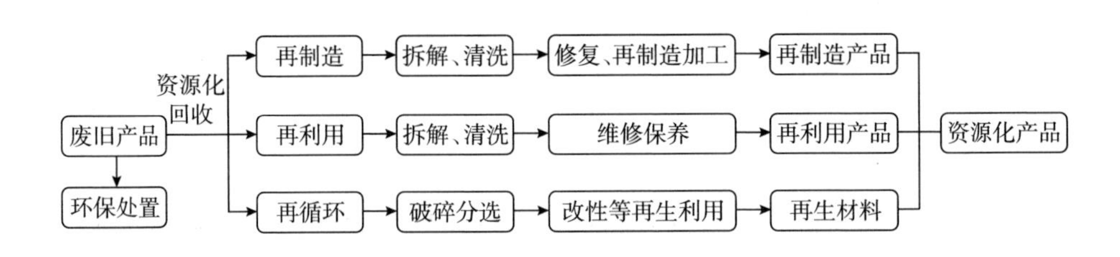

图 4-1　废旧产品的三种资源化处理的流程

生活垃圾回收物通常是低值废弃物，进行再制造和再利用的价值低，只有品质性能较好的才被回收加工循环利用，且都是进入再循环过程，作为原材料进入资源化利用过程。因此，本部分研究的是狭义的资源化产品，即生活垃圾资源化产品，特指从生活垃圾中回收到的低值废弃物。经破碎分选、改性等再生过程后形成的再生材料，即通过再循环资源化方式生产加工出来的产品。再生产品是指用可回收物加工制作成的产品，因此生活垃圾资源化产品是再生产品，例如再生塑料。国家按照统一目录、标准、评价、标识的要求，将环保、节能、节水、循环、低碳、再生、有机等产品整合为绿色产品。下游再利用生产商以生活垃圾资

源化产品为原材料，进一步加工生产而成的产品，符合循环、再生、低碳的要求，是绿色产品。生活垃圾的资源化处理流程如图 4-2 所示。

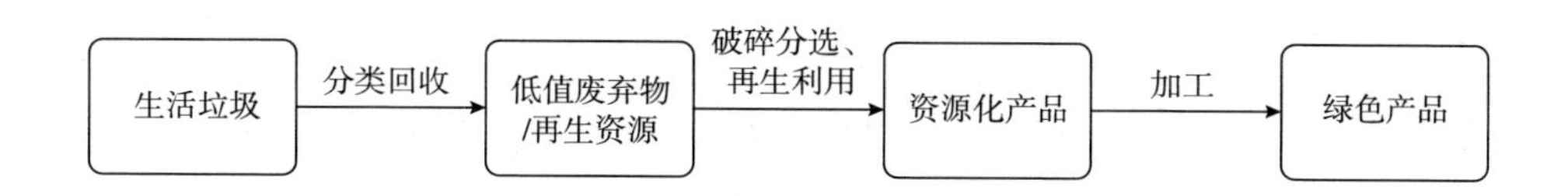

图 4-2　生活垃圾的资源化处理流程

本部分涉及的资源化产品相关概念较多，比较容易混淆，图 4-3 为资源化产品的相关概念区分。我们可以废塑料为例，了解资源化过程：生活垃圾中回收的废塑料等再生资源，经破碎、分选等再生处理技术加工成再生塑料等资源化产品，下游再利用厂商再将资源化产品作为原材料投入再生利用过程中，生产成再生塑料制品等绿色产品，销售给消费者，获得收益。

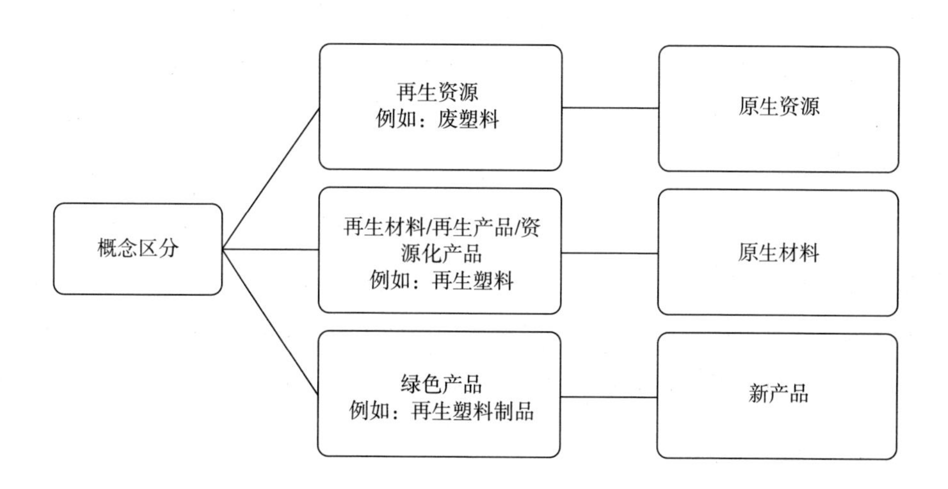

图 4-3　资源化产品的相关概念区分

4.1.2　理论基础

（1）外部性理论

外部性表示市场参与者的成本或收益没有包括其对资源环境的破坏或益处，

使其产量高于或低于均衡产量，形成负外部性或正外部性。外部性理论为碳排放权交易提供了理论依据。对于原生材料生产商，其在生产过程中排放的二氧化碳等温室气体造成温室效应，排放的污水污染地下水和土壤，而环境修复的成本并未被计算入原生材料生产商的生产成本之中，生产商未考虑环境效应，这样便使企业的成本偏低，导致最终产量超过均衡水平，是显著的负外部性。而对于资源化产品生产商，其以废旧产品为原材料，加工资源化产品以再利用，既减少了废旧产品填埋、焚烧过程等对环境的污染及原料生产中的碳排放量，又降低了化石等自然资源的消耗，但是其资源节约及环境治理效用并未在资源化产品生产商的收益中体现，是典型的环境外部性。

（2）Stackerlberg 博弈模型

完全信息动态博弈是博弈的基本类型之一，在博弈中，参与人根据对方的决策制定自己的决策，参与人可以在任何时点做出最优决策。在完全信息动态博弈的假设下，1934 年，德国经济学家 H. von Stackelberg 提出了斯塔克尔伯格（Stackelberg）博弈模型。Stackelberg 博弈模型是一个领导型模型，参与者的博弈行为有着先后次序：处于领导地位的企业先根据自己的实际情况最优决策，同时会考虑自己的决策对于处于追随地位的企业的相关影响；追随者观察并根据领导企业的行为进行决策。领导企业以追随者的反应函数为约束，做出使自身获得最优利润的决策。本部分材料生产商和下游再利用厂商的博弈分析中，假设材料生产商是领导者，下游再利用厂商是追随者。材料生产商先根据自身的实际情况制定最优决策，下游再利用厂商根据材料生产商的决策决定自己的行为，这属于动态博弈，博弈过程中信息是完全的。

4.1.3 研究现状

城市生活垃圾的资源化具有有限的非竞争性与不完全的非排他性，符合准公共物品属性。

邹晔（2016）将资源化产品定义为废旧产品经资源化后所形成的产品，再利用、再制造和再循环三种资源化方式，对应产生再利用产品、再制造产品以及原材料三种资源化产品。再循环是对废旧产品破碎分选，形成原材料，再进

入生产流程。生活垃圾资源化产品是通过再循环资源化方式生产加工出来的产品。

针对生活垃圾资源化产品定价的研究较少，其中，王璇（2016）认为城市生活垃圾处理具有准公共产品属性，市场机制的引入能够有效提高垃圾处理的效率，减少成本的投入，还能提高生活垃圾资源化产品价格制定的合理性。Robert等（2010）通过对生活垃圾废旧产品回收处理成本和资源化利用进行核算分析，认为投入产出不匹配，政府应该完善相关的政策法规，以弥补成本缺口，从而促进生活垃圾资源化的循环利用。

目前，关于资源化产品的研究集中于再制造产品方面，并且针对再制造产品及其定价的研究非常成熟，再制造产品定价研究归纳为两个部分：一是消费者支付意愿（Willing to Pay，WTP）差异下的再制造产品的定价；二是政府奖惩下再制造产品的定价。

（1）消费者支付意愿差异下的再制造产品的定价

许多学者主要从消费者支付意愿差异的原因、对消费者支付意愿差异的描述、考虑消费者支付意愿差异和其他因素的产品定价三个方面研究消费者支付意愿差异下的再制造产品的定价。

一是消费者支付意愿差异的原因。由于资源化产品与新产品在原材料、生产工艺、加工技术等方面存在明显的区别，以及消费者认知、异质需求等，消费者对资源化产品和新产品具有不同的支付意愿。二是对消费者支付意愿差异的描述，近年来学者对消费者支付意愿差异的描述不断深入，从简单的均匀分布假设发展到更复杂的概率分布模型，为企业定价策略的优化提供了重要参考。三是考虑消费者支付意愿差异和其他因素的产品定价，一些学者提出：除了支付意愿差异，消费者的环境意识、价格敏感度等因素也会影响到再制造产品的定价。另一些学者在探讨支付意愿差异时，还引入了产品质量和品牌效应等因素。这些研究进一步丰富了影响产品定价的因素。

（2）政府奖惩下再制造产品的定价

关于政府奖惩下再制造产品的定价，相关文献主要从有无政府补贴、不同的补贴对象、与其他情况共同作用三个方面展开研究。

第一，关于有无政府补贴，相关研究从多个角度探讨了政府干预对再制造产品定价的影响。首先，有学者建立了无政府干预、再制品置换补贴干预、废旧品回收奖惩和政府双重干预下的闭环供应链模型。其次，一些研究专注于政府奖惩机制，分析奖惩系数对回收率和最优利润的影响。最后，也有学者研究了政府补贴机制，通过研究发现补贴机制可以推动垃圾处理行业的发展。

第二，关于不同的补贴对象，一些学者研究了政府奖惩制造商时，制造商的最优定价决策；还有一些学者建立政府无补贴、政府补贴再购买者和补贴制造商的双渠道闭环供应链博弈模型，发现补贴再购买者或者制造商效果相同，都能够提高再制品的销量及生产商的利润。针对绿色产品，也有学者基于社会福利最大化，构建政府补贴消费者或者绿色生产商的二级供应链博弈模型。另外，有研究考虑了同时补贴拆解企业和回收企业的模式，发现这样可以使闭环供应链制定更低的定价。此外，有学者研究了政府补贴回收商和补贴再制造企业两种模式下新产品的最优定价。还有些学者考虑到产品竞争和回收能力，通过构建无政府补贴、政府补贴零售商和政府补贴制造商三种博弈模型，分析得出政府补贴制造商模式下，制造商的回收价格和利润随政府补贴增加而升高。

第三，关于政府补贴与其他情况共同作用下的定价决策，首先，有学者针对政府对双渠道新产品消费补贴进行研究，结果表明供应链成员均受益于政府消费补贴。其次，有学者基于回收率与回收量的奖惩机制研究闭环供应链的定价决策，研究发现两种机制共同作用能显著提高回收率，并且新产品的最优定价有所降低。最后，还有学者研究了再制造产品接受程度和政府再制造补贴政策对闭环供应链定价决策的影响，并讨论了两种影响的差异。

目前关于资源化产品的研究集中于再制造产品方面，相关研究起步早，研究内容丰富，然而鲜有对生活垃圾资源化产品及其定价的研究。但是生活垃圾中的低值废弃物规模庞大、种类多样，作为再生资源的重要来源之一，资源价值不容忽视；并且随着生活垃圾分类的实施和下游资源循环利用产业的快速发展，生活垃圾资源化加工行业将迎来较快发展，亟须理论研究为资源化加工行业的发展提供理论指导。

4.2　资源化产业发展现状及资源化产品的价格形成分析

生活垃圾资源化产业链从低值废弃物的回收，到中游加工处理，再到下游资源再利用，形成了一条完整的产业链。资源化产品作为再生资源产业链的重要产出，其价格形成机制直接影响着整个产业链的运行效率。在深入分析资源化产品的价格形成机理之前，先分析一下资源化产业的发展现状。

4.2.1　资源化产业发展现状

随着再生资源产业的逐步发展，目前已形成从生活垃圾低值废弃物产生源排放，经产生源或拾荒者、回收站点分类分拣，中游加工处理企业资源化加工，最终到再利用企业资源化利用的完整流程。再生资源产业链主要包括低值废弃物回收、资源化加工处理和资源再利用三个环节。具体来看，居民、企业事业单位产生的生活垃圾，经自身或者拾荒者分类分拣出可回收利用的低值废弃物，出售给回收散户、各类回收站点等，再被直接或间接出售给中游资源化加工处理企业，加工企业资源化生产加工成各类具有较高使用价值、应用于工程建设、工业生产和市民生活的原材料，并出售至下游相关资源再利用生产商，经其最终生产出产品，并销售给市场上的企业或个人。

4.2.1.1　上游低值废弃物回收环节

低值废弃物回收企业作为再生资源产业链的上游，为中游资源化加工企业生产再生材料提供原料。随着我国城镇化的推进和生活垃圾分类政策的实施，城市生活垃圾产生量与日俱增。据商务部公开披露，2018年，中国城市生活垃圾清运量为22801.75万吨，低值废弃物在垃圾总量中的重量占比约为30%。2020年中国城市生活垃圾清运量为23512万吨。2022年，中国城市生活垃圾清运量上升到24444.7万吨。随着生活垃圾清运量的增加，可回收垃圾产生量的规模也显著增加。

过去，生活垃圾回收行业进入门槛低，国内回收企业普遍规模较小，无组织、无管理的小型回收主体所占比重较大，且回收主体相对分散，未形成产业集群，回收体系不够稳定，规模小且分散的回收环节导致回收规模波动性大。同时，多数回收企业设备简陋，技术落后，可回收物分拣主要由人工完成，不同品类、不同材质不能有效分离，精细化分拣水平低，导致生活垃圾再生资源回收利用率低。但是，近年来，随着人们环保意识的不断提高和相关政策法规的出台实施，推动了我国上游低值废弃物回收环节的发展。特别是在禁止洋垃圾入境政策实施的影响下，原材料短缺对生活垃圾回收企业形成了一定的倒逼作用，部分企业被迫停产，但也促进了一些企业开始完善国内的回收体系，并引入自动化分拣技术，提高精细化分拣水平，提升再生资源回收利用率。

目前，在政策支持和技术进步的推动下，我国废弃物回收体系正在加快建立，回收规模显著扩大，资源回收行业正逐渐为中游资源化加工企业提供稳定充足的再生资源毛料。一些地区开始建立起较为完善的废弃物分类收集网络，可回收物的回收利用率有了较大提升。废旧塑料、电子产品等低值废弃物的再生利用技术也取得了新突破，为进一步提高回收利用水平奠定了基础。不过，整体来看，我国上游低值废弃物回收体系建设仍存在不少问题有待进一步解决。比如，一些地区收集渠道仍不够畅通，分拣处理能力有待提升，回收利用技术水平参差不齐等，需要政府、企业和公众通力合作，采取更加系统化的举措，不断优化完善上游低值废弃物回收环节，推动其向更加规范、高效的方向发展。只有这样，才能使这一环节更好地发挥作用，为构建循环经济、实现绿色发展贡献力量。

4.2.1.2 中游资源化加工环节

生活垃圾中的可回收物的资源化加工是指资源化加工企业生产利用破碎、分选、物理改性、化学改性等技术，将可回收物加工成再生材料等再生产品。如生活垃圾中的废纸张如废纸回收后加工的再生纸浆，可用作造纸原料；废金属可进行回炼成再生金属，废玻璃可以加工成再生玻璃，废塑料可加工成再生塑料颗粒。这一过程不仅能够变废为宝，还可以最大限度地利用资源，减少对环境的污染。

目前，我国资源化加工企业大多规模小，具有较强市场竞争力的规范化、专业化的大型企业稀缺，小微企业的资源整合能力差，并且资源化加工企业较为分

散，未形成产业集聚。这些小微企业的资金实力较弱，难以引进先进设备和开展技术研发，资源化处理设备落后，整体技术水平较低。一方面，这导致资源化产品结构单一、科技含量低、新品质和性能一般、同质化问题严重、产品附加值低，市场对资源化产品认可度较低，消费者愿意支付的价格不高，产品中复合的资源节约和环境治理价值未得到体现。另一方面，再生资源行业中的处理及加工企业受到政府补贴、牌照管控和监管三种方式的约束。政府补贴旨在引导新兴行业发展，但也可能导致部分企业过度依赖补贴。市场准入的牌照管控方式，有时会与实际处理量增速错配，使技术水平较低的中小企业占据再生资源市场，造成资源浪费，限制了正规企业的发展。

为了促进中游资源化加工环节的健康发展，需要从多方面着手：首先，要大力培育和支持一批具有规模优势、管理水平高、技术创新能力强的骨干企业，提升资源化加工行业的整体竞争力。其次，要加大对小微企业的扶持力度，帮助他们整合资源、引进先进技术和装备，提升生产效率和产品质量。再次，要完善相关政策法规，优化行业监管体系，规范企业准入和退出机制，引导资源化加工企业向规范化、专业化发展。对于政府补贴政策，要合理设置补贴标准和退出机制，鼓励企业提高技术水平和管理水平，减少对补贴的依赖。最后，要加大对资源化加工行业的科技投入和技术支持力度，支持企业开展技术创新和产品研发，提升产品附加值和市场竞争力。总之，推动中游资源化加工环节的健康发展，需要政府、企业和社会各方通力合作，从完善政策法规、优化监管体系，到培育骨干企业、提升技术创新能力等多个层面着手，共同推动资源化加工行业的转型升级，为我国实现绿色发展、循环经济发展做出应有贡献。

4.2.1.3　下游资源化再利用环节

资源再利用企业作为再生资源产业链的下游，以再生材料为原料，加工生产或生活需要的产品或原料。资源化加工企业生产的再生产品被广泛应用于下游各个行业，如资源再利用企业使用再生塑料颗粒生产成家用电器、汽车零部件等。

目前，我国的再生资源循环利用事业正面临着许多挑战：首先，可回收垃圾再生加工处理技术工艺、设备以及成本因素，使大部分再生材料的质量水平无法完全达到原生材料的水平，难以满足较高的使用要求；这使市场对再生材料的认可度有限。其次，下游资源化产品利用厂商多将再生材料降级使用，如应用于农业、建筑业和工业生产中，很少有再生材料会回用到原先的领域。再次，下游利用环节的需求不旺盛也是一大障碍。再生资源经加工处理可获得对应的再生产品，但由于部分再生产品的品质不及原生产品，或价格接近原生产品，导致再生产品需求较低。最后，虽然国家政策在一定程度上扶持再生产品，但许多再生产品的销售仍依靠政府的补贴或税收优惠措施，其自身的市场竞争力不足。这些技术、成本、质量和需求等多方面因素，严重限制了再生材料在下游应用的广度和深度，对促进我国资源循环利用事业的高质量发展造成了阻碍。

要解决这些问题，需要不断提升再生材料的品质和性能，使其能够满足更高的使用要求。这需要通过持续的技术创新和工艺改进，提高再生材料的性能指标，缩小与原生材料的差距；同时，需要进一步优化再生加工的成本结构，提高再生材料的性价比，增强其在市场中的竞争力。政府需要出台更加有针对性的支持政策。一方面，可以加大对技术创新、装备升级等环节的扶持力度，推动再生材料生产工艺的提升；另一方面，可以通过完善相关标准、规范，鼓励下游行业优先采购再生材料，拓展再生材料的应用领域，培育更加旺盛的市场需求。政府还应该借鉴国际经验，探索建立多元化的再生材料应用模式，如发展循环经济示范园区、推动再生材料在不同领域的创新应用等。只有通过全方位的技术创新、成本优化和政策引导，不断提升再生材料的品质和市场竞争力，才能真正推动资源循环利用事业实现高质量发展，为我国建设资源节约型、环境友好型社会做出应有贡献。

4.2.2 资源化产品的价格形成

再生资源产业链上游是废旧产品回收企业，下游为资源化产品需求的再利用制造企业，资源化利用企业回收废弃物并再加工成产品出售，实质赚取中间的加工费，属于 TOB 的商业模式。资源化产品进入市场与原生材料生产商自由竞争，一般采用市场需求为导向的定价方法，寻求生产利润的最大化，根据市场需求及市场的竞争状况调整产品的价格。最终的产品价格往往是上游材料供应商、下游再利用生产商，资源化加工生产商共同博弈的结果，价格主要由市场供需情况决定，受上游废旧产品回收规模和质量、资源化产品的加工成本、下游应用市场需

求、替代品原生材料价格、市场结构等因素的共同影响。

4.2.2.1　上游废旧产品回收量

废旧产品回收企业是资源化产品加工企业的“原料”供应商。在资源化产品加工企业的需求一定的前提下，回收企业的回收规模越大，出售给资源化加工企业的废旧产品的价格就越低，那么资源化产品的“材料”成本就越低，生产出的资源化产品就能取得更低的最优价格。回收企业的高品级的废旧产品能加工出性能更高的资源化产品，其价格也更高。目前废旧产品回收企业未形成成熟的回收体系，回收规模较小，稳定性有待提高，资源化产品的“原料”成本不低。

4.2.2.2　资源化产品的加工成本

资源化产品企业是技术密集型和资金密集型企业，需要大量的厂房、技术、设备、人工等成本投入，尤其对技术和设备要求水平较高，因为高精度的分选设备往往价格高昂，保养及维修成本高。技术和设备等成本投入越高，资源化产品的质量和性能水平就越高，与原生材料差异程度缩小，下游厂商的市场认可度就越高，以利润最大化的资源化加工企业对资源化产品的最优定价就越高。

4.2.2.3　下游资源化再利用企业需求量

下游资源化再利用企业采购资源化产品作为原料，深加工成原料或终端产品，最终出售给消费者。根据供给需求理论，在资源化产品供给量一定的前提下，再利用企业的需求量越大，资源化产品的市场价格就越高；反之，资源化产品的市场价格就越低。

4.2.2.4　原生材料的价格

原生材料是资源化产品的强有力的对手，在性能差别不明显的情况下，两者在一定程度上互为替代品。原生材料的价格受国际市场上原油、煤炭、有色金属等大宗商品价格、下游市场需求等多种因素的影响。例如，市场需求稳定的情况下，大宗商品供应紧张，原生材料价格便高企，下游需求方会需求更低成本的资源化产品作为替代；随着需求的增加，资源化产品的价格也会逐渐升高。反之，大宗商品供过于求，原生材料价格低迷，下游需求方会选择质优价廉的原生材料，资源化产品的价格便会下跌。

4.2.2.5　市场结构

市场结构主要包括四种，即完全竞争市场，垄断竞争市场，寡头垄断市场，完全垄断市场。不同的市场结构中厂商的数量、生产产品的差别程度、企业进退市场的难度不同，单个企业对价格的影响程度也千差万别。

完全竞争市场中，有无数个小企业生产同质的产品，每个企业都只是市场价格的接受者，无法对价格产生影响，企业进出市场没有障碍。垄断竞争市场中，存在很多规模不大的企业，每个企业生产并出售主要功能相同，又有各自的特性的产品；单个企业占市场的比例很小，因此对市场价格的影响是有限的；企业进入或退出市场比较容易，但其他企业进入也需要一定的资本量。在寡头垄断市场，只有少数几个规模较大的生产同质或异质产品的企业，任何企业的决策都受到竞争对手的影响，因为每个企业价格的变动，都会影响到其他企业；由于市场壁垒比较高，其他企业进入行业需要巨额的资金。完全垄断市场只有一个企业，没有能够替代的相似产品，按照市场需求进行定价；市场具有高度的进入和退出壁垒，其他企业进入该行业极为困难。

考虑到我国目前的资源化加工行业实际，市场特点比较符合寡头垄断市场，市场中，存在少量规模较大的资源化产品生产商和原生材料生产商，各企业在市场中的地位不相上下。市场中的各企业都是价格的制定者，企业进行定价决策时不能忽略竞争对手的影响，以便使企业利润最大化，得到最优的销售价格。

4.2.3　碳排放交易机制对资源化产品价格形成的影响

伴随我国碳减排目标的不断推进，碳排放权交易机制已经逐步覆盖到更多行业领域。作为一种重要的环境调控手段，碳排放权交易机制的引入必然会对资源化产品的生产成本、定价策略以及整个产业链的利润格局产生重大影响。由于资源化产品生产过程的碳排放较少，在碳排放权交易中可以获得碳排放权的收益，从而提升了其相对于原生材料的竞争优势。因此，深入分析碳排放权交易机制对资源化产品价格形成的影响机理，对于企业制定应对策略、政府完善相关政策具有重要的现实意义，同时为后续的研究奠定了基础。

4.2.3.1　无碳排放限制与碳排放权交易

无碳排放限制与碳排放权交易是针对碳排放的两种政府规制。无碳排放限制

是指政府对企业主体的碳排放量不做限制，在无碳排放权交易机制下，供应链中生产商无须考虑碳排放限制对于原生材料和资源化产品的生产成本和生产利润造成的影响，以传统的利润最大化模型进行生产定价决策。

碳排放权交易机制把碳排放直接管制与经济激励相结合，鼓励生产商在碳排放权交易市场购买额外的碳排放权或者出售盈余的碳排放权，引导碳排放企业减少产品生产的碳排放量。碳排放权交易机制改变了生产商的成本、收益的构成，提高了超过碳排放限额生产商的生产成本，增加了低碳排放生产商的产品收益。因此，碳排放权交易机制下，供应链中生产商需要重新考虑产品的成本、收益，继而确定产品的定价和生产利润决策。

4.2.3.2　*碳排放交易机制引入的背景分析*

全球变暖不断加速，二氧化碳减排形势极为严峻。全球向清洁化和低碳化能源转型迫在眉睫，减少二氧化碳排放是重要目标之一。中国作为最大的发展中国家，积极承担碳减排责任，展现负责任的大国形象。最早由欧盟建立的碳排放权交易市场体系，经多国实践验证，对减少二氧化碳排放具有显著作用。我国积极学习国际碳减排经验，引入碳排放权交易机制，试点先行，逐步建成了全国碳排放权交易市场。2011 年开始，逐步在北京、天津、广东等 7 省市启动碳排放权交易工作。2017 年底，我国正式启动以发电行业为突破口的全国碳排放交易体系。2021 年 7 月 16 日，全国碳排放权交易市场启动上线交易。发电行业 2000 余家企业获得碳排放配额，并被首批纳入全国碳市场。全国碳排放权交易市场自 2021 年 7 月正式开市以来，整体运行平稳，市场活跃度稳步提高，已经顺利完成了两个履约周期，实现了预期的建设目标。截至 2023 年底，全国碳排放权交易市场覆盖年二氧化碳排放量约 51 亿吨，纳入重点排放单位 2257 家，中国碳市场成为全球覆盖温室气体排放量规模最大的市场①。

2024 年 1 月，国务院发布了《碳排放权交易管理暂行条例》，进一步健全了我国碳排放权交易的法律法规体系。该条例的出台标志着我国碳市场的法治新局面开启，为碳市场的健康发展提供了强大的法律保障。它不仅重点明确了体制机

① 保障全国碳市场健康发展（人民日报）[J]. 环境科学与管理，2024，49（3）：3-4.

制、规范了交易活动、保障了数据质量、惩处了违法行为，还坚持全流程管理，对构成碳排放权交易的要素和各个主要环节做到了全覆盖，力求不留空白、不留盲区。此外，该条例的实施还有助于将碳排放权交易逐步纳入统一的公共资源交易平台体系，进一步强化全国碳排放权交易市场数据质量管理，为市场的健康运行和持续发展提供支撑。

目前，我国碳排放交易具有较为完善的配额、清缴和处罚机制。碳排放权采取行业基准法进行分配，以行业先进碳排放水平为基准，向企业免费分配一定的碳排放配额；企业在年度结束向主管部门清缴上年度的碳排放配额。超额碳排放的企业在市场中购买额外的碳排放权，以抵消超额排放量；低碳排放的企业在市场中卖出其盈余的碳排放权；对未按时足额清缴的企业，责令限期改正并进行处罚。

4.2.3.3　碳排放交易机制影响分析

在实践中，由于资源化产品是以废旧产品为原材料加工而成的，因此相比以原油、矿石、煤炭等自然资源为原料提炼加工的原生材料，资源化产品的生产减少了矿产的开发、运输、冶炼等高污染、高排放环节，加工过程产生的碳排放明显较少，这使资源化产品具有明显的低碳环保属性。以钢铁行业为例，生产 1 吨普通碳钢所需的原生铁矿石开采、运输、炼铁等过程的碳排放约为 1.8～2.2 吨二氧化碳当量，而生产 1 吨再生钢所需的废钢回收、预处理、电炉冶炼等过程的碳排放仅为 0.4～0.8 吨二氧化碳当量，只相当于原生钢铁的 1/4 左右，类似的碳排放差异也存在于有色金属、塑料、纸张等其他主要再生资源品类，这就使资源化产品在碳排放方面具有显著优势，促进其在碳排放交易机制下的竞争地位不断提升，为实现绿色低碳发展贡献关键作用。

在当前环境保护的大背景下，国家生态环境部结合生产实际，针对同类型的材料生产企业制定了相应的碳排放基准。一般情况下，原生材料生产商的单位产品碳排放量高于排放基准，而资源化产品生产商的单位产品碳排放量则低于排放基准。根据碳排放交易机制的要求，原生材料生产商需要额外采购碳排放量，以抵消其超额排放量。这些额外采购碳排放量的花费，被计入原生材料的生产成本，加重了原生产品的整体成本，从而将原生材料造成的超额碳排放所产生的环境治理成本内部化到了生产成本中。

相较之下，资源化产品生产商会在碳排放交易市场出售结余的碳排放量，获得相应的经济收益，其生产成本不会因此而增加。这就使资源化产品的成本相对于原生材料而言有所降低，从而提高了其在市场上的竞争力；生产成本和收益的这种相对变化，必然会对原生材料生产商和资源化产品生产商的利润产生影响。同时，这种利润变化将影响到两种产品的最优定价策略。对于原生材料生产商来说，由于其生产成本的增加，他们可能不得不考虑提高产品价格，以维持合理的利润水平；而对于资源化产品生产商来说，由于其生产成本的相对降低，他们可能会选择适当降低产品价格，以进一步提高市场竞争力，吸引更多的消费者。

这种原生材料和资源化产品在生产成本和竞争力方面的差异，必将导致两种产品在市场上的定价策略产生变化。原生材料生产商可能会选择提高价格，而资源化产品生产商可能会选择降低价格。这种价格变化不仅会影响到消费者的购买决策，也会影响到两种产品在市场上的销量和份额。此外，这种利润和定价策略的变化还可能会带来其他一些连带影响：例如，原生材料生产商为了维持利润，可能会加大对生产技术和工艺的改进投入，以期进一步降低单位产品的碳排放量，从而减少额外的碳排放量采购成本；而资源化产品生产商可能会加大对产品质量和功能的提升，以进一步拓展市场份额，增强自身的市场竞争力。

4.3　无碳排放限制下资源化产品的定价策略

原生材料生产商采用自然资源生产原生材料，资源化加工生产商利用生活垃圾回收的废旧产品生产资源化产品。原生材料和资源化产品属于同系列产品，两者具有相同的功能和相近的质量，前者的生产成本高于后者。下游材料利用厂商采购原生材料和资源化产品，利用两种材料加工成功能相同、质量相近的终端产品，并以不同的价格出售给终端消费者，从而获得相应的收益。消费者具有质量偏好，对于新产品和绿色产品的支付意愿具有差异；因此，消费者根据自身的质量偏好及产品价格，选择购买原生材料或者资源化产品为材料的产品。

本部分研究考虑产品质量差异及异质消费者群体下，原生材料和资源化产品的最优定价等生产决策。

4.3.1 模型假设与参数设定

为方便研究，对无碳排放权限制下的决策模型做出如下假设：

假设 1：资源化产品生产商、原生材料生产商和下游材料利用厂商是风险中性和完全理性的，且信息完全对称。

假设 2：资源化产品和原生材料具有相同的功能，但是资源化产品的以废旧产品为原材料，并且存在资源化加工技术不成熟等因素，所以资源化产品的质量、性能低于原生材料的水平。

假设 3：由于利润是企业进行资源化生产活动的关键因素，因此资源化产品的单位生产成本小于原生材料的单位生产成本，即 $C_r<C_n$。

假设 4：为保证生产活动是有意义的，需要满足原生材料的单位生产成本低于原生材料的批发价，即 $\beta s^2<W_n$；资源化产品的单位生产成本低于资源化产品的批发价，即 $\beta\alpha s^2<W_r$；针对下游材料利用厂商，原生材料的价格与新产品生产成本的和低于新产品的价格，即 $W_n+C_n<p_n$；绿色产品的价格与绿色产品生产成本的和低于绿色产品的价格，即 $W_r+C_n<p_r$。

假设 5：假设下游材料利用厂商生产 1 单位终端产品需要 1 单位的材料，下游材料利用厂商向材料生产商的订货量与终端消费者对新产品的需求量一致，即原生材料的需求函数为 D_n，资源化产品的需求函数为 D_r，不考虑资源化产品、原生材料与新产品、绿色产品的缺货成本和库存成本，以及剩余产品的残值收益等。

建模所涉及的参数如表 4-1 所示。

表 4-1　参数设定

参数符号	参数意义
s	原生材料的质量
αs	资源化产品的质量，α 表示资源化产品的质量系数，$0<\alpha<1$。α 越大，表示资源化产品和原生材料的质量差异程度越小

续表

参数符号	参数意义
β	资源化产品和原生材料的质量成本系数，$0<\beta\leq 1$，两个生产商的质量成本系数相同
βs^2	单位原生材料的生产成本
$\beta\alpha s^2$	单位资源化产品的生产成本
W_n	单位原生材料销售给下游材料利用厂商的批发价格，是原生材料生产商的决策变量
W_r	资源化产品销售给下游材料利用厂商的批发价格，是资源化产品生产商的决策变量，且有 $W_n>W_r$
C_n	表示利用原生材料生产成的新产品的单位生产成本
C_r	表示利用资源化产品生产绿色产品的单位生产成本，且 $C_n>C_r$
p_n	表示新产品的市场价格
p_r	表示绿色产品的市场价格，与 p_n 都是下游材料利用厂商的决策变量，且有 $p_n>p_r$
D_n	表示新产品的需求函数
D_r	购买资源化产品、同类非资源化产品的消费者剩余
$\prod_{MN}^{N}$	表示原生材料生产商的利润函数
$\prod_{MR}^{N}$	表示资源化产品生产商的利润函数
$\prod_{K}^{N}$	表示下游材料利用厂商的利润函数

本部分中，Π_i^j表示厂商 i 在 j 决策模型中的利润。其中 $i\in\{MN, MR, K\}$，MN 表示原生材料生产商，MR 表示资源化产品生产商，K 表示下游材料利用厂商；$j\in\{N, C, T\}$，分别表示三种决策模型情况，N 表示无碳排放权限制，C 表示引入碳排放权交易机制。

4.3.2　需求函数

由于消费者拥有质量偏好，假设消费者对新产品的支付意愿为 s，对绿色产品的支付意愿为 αs，α 也表示消费者对绿色产品的质量偏好系数，$0<\alpha<1$。若消费者对新产品的效用为 U_n，消费者对绿色产品的效用为 U_r，那么 $U_n=s-p_n$，$U_r=\alpha s-p_r$。消费者对产品的选择取决于其效用关系：当 $U_n>U_r$ 时，消费者购买新产品；反之，当 $U_r>U_n$ 时，则购买绿色产品。

消费者若选择购买新产品，则其价格应符合以下两个条件：$s-p_n>0$，$s-p_n>$

$\alpha s-p_r$，化简可得 $s>(p_n-p_r)/(1-\alpha)$ 和 $s>p_n$ 解得 $(p_n-p_r)/(1-\alpha)<s<1$；这一结果含有隐含条件 $p_r<sp_n$，即此时市场上同时出售新产品和绿色产品，两种产品存在竞争，因此得到当 $p_r<sp_n$ 时绿色产品的需求函数，即：

$$D_n = \int_{\frac{p_n-p_r}{1-\alpha}}^{1} \mathrm{d}x = 1 - \frac{p_n - p_r}{1 - \alpha}$$

同样地，若消费者购买绿色产品，则绿色产品的价格应满足：$\alpha s-p_r>0$ 和 $\alpha s-p_r>s-p_n$，解得 $p_r/\alpha<V<(p_n-p_r)/(1-\alpha)$。此时得到绿色产品的需求函数：

$$D_n = \int_{\frac{p_r}{\alpha}}^{\frac{p_n-p_r}{1-\alpha}} \mathrm{d}x = \frac{p_n - p_r}{1 - \alpha} - \frac{p_r}{\alpha}$$

为了使两种产品的需求都大于0，须有 $p_r<sp_n$。本部分的研究前提为两种产品存在竞争，因此后续的论述将默认条件 $p_r<sp_n$ 成立。综上所述，得到新产品和绿色产品的需求函数式（4-1）：

$$\begin{cases} D_n = 1-\dfrac{p_n-p_r}{1-\alpha} \\ D_r = \dfrac{p_n-p_r}{1-\alpha}-\dfrac{p_r}{\alpha} \end{cases} \tag{4-1}$$

4.3.3 模型构建与最优定价求解

在原生材料生产商、资源化产品生产商主导，下游利用厂商跟随的两级供应链中，构建无政府碳排放权规制的 Stackelberg 竞争博弈模型，研究 Stackelberg 竞争博弈模型下原生材料和资源化产品的最优定价和最优利润策略。原生材料生产商和资源化产品生产商属于垄断市场的两个寡头生产商。在对称的市场相关信息环境下，材料生产商和下游利用厂商均为实现各自利润最大化。

基于 Stackelberg 竞争博弈模型，主导者和追随者的博弈共分为两个阶段：

第一阶段，主导者原生材料生产商和资源化产品生产商，在考虑自身的定价决策对下游利用厂商的需求量的影响下，以利润最大化为决策目标，分别确定原生材料和资源化产品的销售价格。原生材料生产商和资源化产品生产商之间是完全信息的静态博弈。

第二阶段，下游利用厂商根据材料厂商确定的原生材料和资源化产品的销售价格，决定新产品和绿色产品的市场价格以及两种材料的采购量。

根据模型假设，本部分把原生材料生产商和资源化产品生产商的利润表示为：

原生材料生产商的利润=原生材料销售收入-原生材料的生产成本

资源化产品生产商的利润=资源化产品销售收入-资源化产品的生产成本

下游材料利用厂商的利润=新产品的销售收入-原生材料的批发成本-新产品的生产成本+绿色产品的销售收入-资源化产品的批发成本-绿色产品的生产成本

因此在不考虑政府的碳排放权交易机制下，原生材料生产商、资源化产品生产商以及下游材料利用厂商的利润模型可描述为：

$$\prod_{MN}^{N} = (W_n - \beta s^2) D_n \tag{4-2}$$

$$\prod_{MR}^{N} = (W_r - \beta \alpha s^2) D_r \tag{4-3}$$

$$\prod_{K}^{N} = (p_n - W_n - C_n) D_n + (p_r - W_r - C_r) D_r \tag{4-4}$$

根据逆向归纳法，下游材料利用厂商根据给定的原生材料与资源化产品的价格 W_n 和 W_r，从自身利润最大化角度出发对原生材料和资源化产品的采购量，以及新产品和绿色产品的销售价格做出决定。将式（4-1）代入式（4-4），再将式（4-4）分别对 p_n、p_r 求偏导数，并令偏导数分别等于0，即：

$$\begin{cases} \dfrac{\partial \prod_{K}^{N}}{\partial p_n} = 0 \\ \dfrac{\partial \prod_{K}^{N}}{\partial p_r} = 0 \end{cases} \tag{4-5}$$

联立求解得：

$$\begin{cases} p_n^* = \dfrac{W_n + C_n + 1}{2} \\ p_r^* = \dfrac{W_r + C_r + \alpha}{2} \end{cases} \tag{4-6}$$

将式（4-6）代入式（4-1），求得：

$$\begin{cases} D_n^* = \dfrac{1-\alpha+W_r-W_n+C_r-C_n}{2(1-\alpha)} \\ D_r^* = \dfrac{W_n-W_r+C_n-C_r+1-\alpha}{2(1-\alpha)} - \dfrac{W_r+C_r+\alpha}{2\alpha} \end{cases} \tag{4-7}$$

然后，原生材料生产商确定原生材料的市场价格。对原生材料生产商利润函数求导数，即求式（4-2）对 W_n 的导数，得：

$$\frac{\partial \prod_{MN}^{N}}{\partial W_n} = \frac{W_r - 2W_n + C_r - C_n + 1 - \alpha}{2(1-\alpha)}$$

并令其 $\dfrac{\partial \prod_{MN}^{N}}{\partial W_n}=0$，得：

$$W_r = 2W_n - C_r + C_n - \beta s^2 + \alpha - 1 \tag{4-8}$$

并且其二阶导 $\dfrac{\partial^2 \prod_{MN}^{N}}{\partial W_n^2}<0$，可知原生材料生产商利润可以取到极大值。

同理，资源化产品生产商确定资源化产品的市场价格。对资源化产品生产商利润函数求导数，即求式（4-3）对 W_r 的导数，得：

$$\frac{\partial \prod_{MR}^{N}}{\partial W_r} = \frac{\alpha W_n - 2W_r - C_r + \alpha C_n + \beta\alpha s^2}{2(1-\alpha)\alpha}$$

并令其 $\dfrac{\partial \prod_{MR}^{N}}{\partial W_r}=0$，得：

$$2W_r = \alpha W_n - C_r + \alpha C_n + \beta\alpha s^2 \tag{4-9}$$

并且其二阶导 $\dfrac{\partial^2 \prod_{MR}^{N}}{\partial W_r^2}<0$，可知资源化产品生产商利润可以取到极大值。

联立式（4-8）和式（4-9），求得原生材料生产商和资源化产品生产商的最优定价为：

$$\begin{cases} W_n^* = \dfrac{2(1-\alpha)+(\alpha+2)\beta s^2+C_r+(\alpha-2)C_n}{4-\alpha} \\ W_r^* = \dfrac{\alpha C_n+(\alpha-2)C_r+3\beta\alpha s^2+\alpha(1-\alpha)}{4-\alpha} \end{cases} \tag{4-10}$$

最后，下游利用厂商根据原生材料和资源化产品实际的价格，确定新产品和绿色产品的最优定价。将式（4-10）代入式（4-6）得新产品和绿色产品的最优定价为：

$$\begin{cases} p_n^* = \dfrac{2C_n+C_r+(\alpha+2)\beta s^2+3(2-\alpha)}{2(4-\alpha)} \\ p_r^* = \dfrac{\alpha C_n+2C_r+3\beta\alpha s^2+\alpha(5-2\alpha)}{2(4-\alpha)} \end{cases} \tag{4-11}$$

将式（4-11）代入式（4-7）得原生材料生产商和资源化产品生产商的最优产量为：

$$\begin{cases} D_n^* = \dfrac{2(1-\alpha)+(\alpha-2)C_n+C_r+2(\alpha-1)\beta s^2}{2(4-\alpha)(1-\alpha)} \\ D_r^* = \dfrac{\alpha C_n+(\alpha-2)C_r+\alpha(1-\alpha)+\alpha(\alpha-1)\beta s^2}{2(4-\alpha)(1-\alpha)\alpha} \end{cases} \tag{4-12}$$

将式（4-10）和式（4-12）代入原生材料生产商和资源化产品生产商的最优利润式（4-2）、式（4-3），可以得到无碳排放权交易机制下原生材料生产商的最优利润为：

$$\prod_{MN}^{N*} = \frac{[2(1-\alpha)+(\alpha-2)C_n+C_r+2(\alpha-1)\beta s^2]^2}{2(4-\alpha)^2(1-\alpha)} \tag{4-13}$$

资源化产品生产商的最优利润为：

$$\prod_{MR}^{N*} = \frac{[-\alpha C_n+(2-\alpha)C_r+\alpha(\alpha-1)+\alpha(1-\alpha)\beta s^2]^2}{2(4-\alpha)^2(1-\alpha)\alpha} \tag{4-14}$$

4.4　碳排放权交易机制下资源化产品的定价策略

在碳配额和碳排放权交易机制下，原生材料和资源化产品的碳排放量具有明显差异，政府制定碳排放免费配额的基准介于原生材料和资源化产品的碳排放量之间。一般情况下，原生材料生产会产生超额碳排放量，资源化产品生产则会有碳排放额度盈余。原生材料生产商和资源化产品生产商会分别在碳排放权交易买入、卖出碳排放额度。碳排放权交易会影响两家生产商的成本和收益，因此，在4.3节的基础上，研究碳排放权交易机制下，原生材料和资源化产品的最优定价等生产决策。

4.4.1 模型假设与参数设定

为方便研究，对碳排放权限制下资源化产品的决策模型做出如下假设：

假设1：下游利用厂商向原生材料生产商和资源化产品生产商的订货量与市场对新产品和绿色产品的需求量相等，分则为 D_n，D_r。

假设2：单位原生材料生产环节产生的碳排放量高于单位材料生产的碳配额，$e_n>e_0$。单位资源化产品生产环节产生的碳排放量低于单位材料生产的碳配额，$e_0>\lambda e_n$。

假设3：碳排放权交易为买卖双方博弈的结果。生产商进行碳排放权交易是出于生产经营需要，不存在碳排放权交易投机行为。

4.3.1节中的变量和假设仍然适用，为模型建立需要，本部分新增参数如表4-2所示。

表4-2 新增参数设定

参数符号	参数意义
e_n	单位原生材料生产环节产生的碳排放量，包括自然资源的开采、运输、加工等环节
e_0	单位资源化产品生产环节产生的碳排放量，包括生活垃圾中的废旧产品的回收、运输、加工环节。其中 λ 表示相比原生材料，资源化产品生产的碳排放排系数，且有 $0<\lambda<1$，λ 越小表示废旧产品回收进行资源化生产对减少碳排放量的作用越大，$1-\lambda$ 表示资源化产品生产的减排效用系数
λe_n	当期政府免费分配给单位原生材料和资源化产品生产的碳配额，并且当期碳配额不允许转移到下一期。原生材料和资源化产品属于同类型产品，所以政府分配的免费碳配额相等
t	在碳排放权交易市场，即时买入或者卖出单位碳排放权的价格，$t>0$。单位碳排放权的价格 t 是随机变量，其分布函数和密度函数分别为 $G(t)$ 和 $g(t)$，碳价格均值为 t，且单位碳排放权的最低值为 k

4.4.2 模型构建与最优定价求解

在原生材料生产商、资源化产品生产商主导，下游利用厂商跟随的两级供应

链中，构建碳排放权交易机制下的 Stackelberg 竞争博弈模型，研究模型下原生材料和资源化产品的最优定价和最优利润策略。在对称的市场相关信息环境下，材料生产商和下游利用厂商均为实现各自利润最大化。

基于 Stackelberg 竞争博弈模型，碳排放权交易机制下，主导者和追随者的博弈共分为两个阶段：

第一阶段，主导者材料厂商在考虑自身的定价决策对下游利用厂商的需求量的影响下，以利润最大化为目标进行决策。原生材料生产商确定原生材料的市场价格、碳排放额度的购买量，资源化产品生产商确定资源化产品的市场价格和碳排放额度的出售量。

第二阶段，下游利用厂商根据材料厂商确定的原生材料和资源化产品的销售价格，决定新产品和绿色产品的市场价格以及两种材料的采购量。

根据模型假设，本部分把原生材料生产商和资源化产品生产商的利润表示为：

原生材料生产商的利润=原生材料销售收入-原生材料的生产成本-原生材料的超额碳排放成本

资源化产品生产商的利润=资源化产品销售收入-资源化产品的生产成本-资源化产品盈余碳排放权收益

下游材料利用厂商的利润=新产品的销售收入-原生材料的批发成本-新产品的生产成本+绿色产品的销售收入-资源化产品的批发成本-绿色产品的生产成本

因此，在考虑政府的碳排放权交易机制下，原生材料生产商、资源化产品生产商以及下游材料利用厂商的利润模型可描述为：

$$\prod_{MN}^{C}=(W_n-\beta s^2)D_n-t(e_n-e_0)D_n \tag{4-15}$$

$$\prod_{MR}^{C}=(W_r-\beta\alpha s^2)D_r-t(\lambda e_n-e_0)D_r \tag{4-16}$$

$$\prod_{K}^{C}=(p_n-W_n-C_n)D_n+(p_r-W_r-C_r)D_r \tag{4-17}$$

根据逆向归纳法求解，先假设主导者原生材料生产商和资源化产品生产商的定价已知，由于下游材料利用厂商的利润模型未发生变化，新产品和绿色产品的市场价格以及两种材料的采购量未变。因此，下游材料利用厂商的利润函数分别

对 p_n、p_r 求偏导数，并令偏导数分别等于0，求得的新产品、绿色产品的最优价格仍为式（4-6）、最优需求仍为式（4-7）。

然后，原生材料生产商确定原生材料的市场价格、碳排放额度的购买量；通过对原生材料生产商利润函数求导数，即求式（4-15）对 W_n 的导数，得：

$$\frac{\partial \prod_{MN}^{C}}{\partial W_n}=\frac{1-\alpha+W_r-W_n+C_r-C_n}{2(1-\alpha)}+\frac{\beta s^2+t(e_n-e_0)-W_n}{2(1-\alpha)}$$

令 $\frac{\partial \prod_{MN}^{C}}{\partial W_n}=0$，得：

$$2W_n=W_r+1-\alpha+C_r-C_n+\beta s^2+t(e_n-e_0) \tag{4-18}$$

并且其二阶导数 $\frac{\partial^2 \prod_{MN}^{C}}{\partial W_n^2}<0$，可知此时原生材料生产商利润可以取到极大值。

同理，资源化产品生产商确定资源化产品的市场价格、碳排放额度的出售量。通过对资源化产品生产商利润函数求导数，即求式（4-3）对 W_r 的导数，令其 $\frac{\partial \prod_{MR}^{C}}{\partial W_r}=0$，得：

$$2W_r=\alpha W_n-C_r+\alpha C_n+\beta\alpha s^2+t(\lambda e_n-e_0) \tag{4-19}$$

并且其二阶导 $\frac{\partial^2 \prod_{MR}^{C}}{\partial W_r^2}<0$，可知资源化产品生产商利润可以取到极大值。联立式（4-18）和式（4-19），求得原生材料生产商和资源化产品生产商的最优定价为：

$$\begin{cases} W_n^*=\dfrac{(2-\alpha)C_n-C_r-t[(2+\lambda)e_n-3e_0]+2(\alpha-1)-(\alpha+2)\beta s^2}{\alpha-4} \\ W_r^*=\dfrac{-\alpha C_n+(2-\alpha)C_r-t(2\lambda+\alpha)e_n+t(2+\alpha)e_0-3\beta\alpha s^2+\alpha(\alpha-1)}{\alpha-4} \end{cases} \tag{4-20}$$

最终，下游利用厂商根据原生材料和资源化产品实际的价格，确定最终的产品最优定价及最优需求。将式（4-20）代入式（4-6）得到新产品和绿色产品的

最优定价为：

$$\begin{cases} p_n^* = \dfrac{-2C_n - C_r + 3(\alpha-2) - (\alpha+2)\beta s^2 - t[(2+\lambda)e_n - 3e_0]}{2(\alpha-4)} \\ p_r^* = \dfrac{-\alpha C_n - 2C_r - 3\beta\alpha s^2 + \alpha(2\alpha-5) - t(2\lambda+\alpha)e_n + t(2+\alpha)e_0}{2(\alpha-4)} \end{cases} \tag{4-21}$$

将式（4-21）代入式（4-7）得原生材料生产商和资源化产品生产商的最优产量为：

$$\begin{cases} D_n^* = \dfrac{2(\alpha-1) - t(\alpha+\lambda-2)e_n + t(\alpha-1)e_0 + (2-\alpha)C_n - C_r + 2(1-\alpha)\beta s^2}{2(\alpha-4)(1-\alpha)} \\ D_r^* = \dfrac{-\alpha C_n + (2-\alpha)C_r + t(2\lambda-\alpha-\lambda\alpha)e_n + 2t(\alpha-1)e_0 + \alpha(\alpha-1) + \alpha(1-\alpha)\beta s^2}{2(\alpha-4)(1-\alpha)\alpha} \end{cases} \tag{4-22}$$

将式（4-20）代入式（4-22）代入原生材料生产商和资源化产品生产商的最优利润模型式（4-15）、式（4-16），可以得到碳排放权交易机制下原生材料生产商的最优利润为：

$$\prod\nolimits_{MN}^{C^*} = \frac{[2(\alpha-1) + (2-\alpha)C_n - C_r + 2(1-\alpha)\beta s^2 + t(2-\alpha-\lambda)e_n + t(\alpha-1)e_0]^2}{2(\alpha-4)^2(1-\alpha)} \tag{4-23}$$

资源化产品生产商的最优利润为：

$$\prod\nolimits_{MR}^{C^*} = \frac{[-\alpha C_n + (2-\alpha)C_r + \alpha(\alpha-1) + \alpha(1-\alpha)\beta s^2 + t(2\lambda-\alpha-\lambda\alpha)e_n + 2t(\alpha-1)e_0]^2}{2(\alpha-4)^2(1-\alpha)\alpha} \tag{4-24}$$

4.5　两种政府规制下资源化产品最优决策对比分析

4.3 节与 4.4 节分别研究了无碳排放限制和碳排放权交易机制下资源化产品的最优定价策略，但两种情况下的最优决策存在一定差异。本部分通过对比分析，进一步比较了两种情况下各主体的最优利润，并通过数值算例分析更直观地展示了不同参数设置下两种政府规制对资源化产品最优决策的影响。本部分内容不仅有助于理解碳排放权交易机制对资源化产品定价的影响机理，还为政府制定相关政策提供了重要依据。

4.5.1 最优定价对比分析

命题1：当资源化产品的碳排放系数较高时，在碳排放权交易机制下，原生材料和资源化产品的价格将高于无碳排放限制时的价格；并且随着碳排放权交易价格的升高，碳排放权交易机制下原生材料、资源化产品的价格增长幅度将有所增大。

证明：对碳排放限制前后原生材料和资源化产品的市场价格进行比较可得：

$$\begin{cases} W_n^{C^*}-W_n^{N^*}=\dfrac{-t[(2+\lambda)e_n-3e_0]}{\alpha-4} \\ W_r^{C^*}-W_r^{N^*}=\dfrac{-t(2\lambda+\alpha)e_n+t(2+\alpha)e_0}{\alpha-4} \end{cases} \tag{4-25}$$

当 $\lambda>\lambda_1$ 时，碳排放权交易机制下原生材料的市场价格高于无碳排放权交易机制下的市场价格，$W_n^{C^*}-W_n^{N^*}=\dfrac{-t[(2+\lambda)e_n-3e_0]}{\alpha-4}>0$，其中 $\lambda_1=\dfrac{3e_0-2e_n}{e_0}$。

当 $\lambda>\lambda_2$ 时，碳排放权交易机制下资源化产品的市场价格高于无碳排放权交易机制下的市场价格，即 $W_r^{C^*}-W_r^{N^*}=\dfrac{-t(2\lambda+\alpha)e_n+t(2+\alpha)e_0}{\alpha-4}>0$，其中，$\lambda_2=\dfrac{(\alpha+2)e_0-\alpha e_n}{2e_n}$。

当碳排放权交易机制下原生材料、资源化产品的市场价格增长时，从式（4-25）可以看出，随着碳排放权交易价格的升高，碳排放权交易机制下原生材料、资源化产品的价格增长幅度将有所增大。

命题2：当资源化产品的碳排放系数较高时，在碳排放权交易机制下，新产品和绿色产品的价格都将高于无碳排放限制时的价格；并且随着碳排放权交易价格的升高，碳排放权交易机制下新产品和绿色产品的价格增长幅度将有所增大。

证明：对碳排放限制前后新产品和绿色产品的市场价格进行比较可得：

$$\begin{cases} p_n^{C^*}-p_n^{N^*}=\dfrac{-t[(2+\lambda)e_n-3e_0]}{2(\alpha-4)} \\ p_r^{C^*}-p_r^{N^*}=\dfrac{-t(2\lambda+\alpha)e_n+t(2+\alpha)e_0}{2(\alpha-4)} \end{cases} \tag{4-26}$$

因此，新产品、绿色产品的碳排放限制前后市场价格的差额与原生材料、资源化产品的碳排放限制前后的市场价格的差额相同、证明过程相同，此处不再重复。

4.5.2　最优利润对比分析

命题 3：碳排放权交易机制下，原生材料的最优利润相比无碳排放限制时下降。

证明：碳排放限制前后原生材料生产商的最优利润作差，并令：

$$\begin{cases} C=2(\alpha-1)+(2-\alpha)C_n-C_r+2(1-\alpha)\beta s^2 \\ D=t(2-\alpha-\lambda)e_n+t(\alpha-1)e_0 \end{cases}$$

此时，碳排放限制前后原生材料生产商的最优利润作差可以表示为：

$$\prod_{MN}^{C^*}-\prod_{MN}^{N^*}=\frac{(C+D)^2}{2(\alpha-4)^2(1-\alpha)}-\frac{(-C)^2}{2(4-\alpha)^2(1-\alpha)}=\frac{D(D+2C)}{2(\alpha-4)^2(1-\alpha)}$$

无碳排放权交易机制下，原生材料的需求量可以表示为：

$$D_n^{N^*}=\frac{-C}{2(4-\alpha)(1-\alpha)}$$

碳排放权交易机制下，原生材料的需求量可以表示为：

$$D_n^{C^*}=\frac{C+D}{2(\alpha-4)(1-\alpha)}$$

由无碳排放权交易机制下，原生材料的需求量为正，即 $D_n^{N^*}$，得到 $-C>0$，因此 $C<0$。

由碳排放权交易机制下，原生材料的需求量为正，即 $D_n^{C^*}$，得到 $C+D<0$。

由 $C<0$，且 $C+D<0$，可得 $2C+D<0$，而且 $D=t(2-\alpha-\lambda)e_n+t(\alpha-1)e_0>0$，$\prod_{MN}^{C^*}-\prod_{MN}^{N^*}$。因此，碳排放限制后原生材料的最优利润下降。

命题 4：（1）当资源化产品的碳排放系数较低时，在碳排放权交易机制下，资源化产品生产商的最优利润相比无碳排放限制时上升；反之，资源化产品生产商的最优利润相比无碳排放限制时下降。

（2）当资源化产品的碳排放系数和消费者质量偏好系数都较低时，或者两者都较高时，在碳排放权交易机制下，资源化产品生产商的最优利润相比无碳排放限制时上升。

证明（1）：碳排放限制前后资源化产品生产商的最优利润作差，并令：

$$\begin{cases} E=-\alpha C_n+(2-\alpha)C_r+\alpha(\alpha-1)+\alpha(1-\alpha)\beta s^2 \\ F=t(2\lambda-\alpha-\lambda\alpha)e_n+2t(\alpha-1)e_0 \end{cases}$$

此时，碳排放限制前后资源化产品生产商的最优利润作差可以表示为：

$$\prod_{MR}^{C^*}-\prod_{MR}^{N^*}=\frac{(E+F)^2-E^2}{2(\alpha-4)^2(1-\alpha)\alpha}=\frac{F(2E+F)}{2(\alpha-4)^2(1-\alpha)\alpha}$$

无碳排放权交易机制下，资源化产品的需求量可以表示为：

$$D_r^{N^*}=\frac{-E}{2(4-\alpha)(1-\alpha)\alpha}$$

碳排放权交易机制下，资源化产品的需求量可以表示为：

$$D_r^{C^*}=\frac{E+F}{2(\alpha-4)(1-\alpha)\alpha}$$

由无碳排放权交易机制下，资源化产品的需求量为正，即 $D_r^{N^*}$，得到$-E>0$，因此 $E<0$。由碳排放权交易机制下，资源化产品的需求量为正，即 $D_r^{C^*}$，得到 $E+F<0$。由 $E<0$，且 $E+F<0$，可得 $2E+F<0$，因此 $\prod_{MN}^{C^*}-\prod_{MN}^{N^*}$ 的正负就取决于 F 的大小。

$F=t(2\lambda-\alpha-\lambda\alpha)e_n+2t(\alpha-1)e_0$，将 F 看成 λ 的函数，可知 $F(\lambda)$是关于 λ 的单调递增函数，令 $F(\lambda)<0$，可以解得 $\lambda<\lambda_4$，临界值 $\lambda_4=\frac{2e_0(1-\alpha)+\alpha e_n}{(2-\alpha)e_n}$，此时 $\prod_{MN}^{C^*}-\prod_{MN}^{N^*}$。当资源化产品的碳排放系数较低时，碳排放限制后，资源化产品生产商的最优利润上升。反之，资源化产品生产商的最优利润下降。

证明（2）：将 F 看成 α 的函数，令 $F(\alpha)<0$，可以解得临界值 $\alpha_2=$

$\frac{-2t(\lambda e_n - e_0)}{t[2e_0-(\lambda+1)e_n]}$。

当 $\lambda<\frac{2e_0-e_n}{e_n}$时，$\alpha<\alpha_2$，$F(\alpha)<0$，$\prod_{MN}^{C^*}-\prod_{MN}^{N^*}$。

当 $\lambda>\frac{2e_0-e_n}{e_n}$时，$\alpha>\alpha_2$，$F(\alpha)<0$，$\prod_{MN}^{C^*}-\prod_{MN}^{N^*}$。

当资源化产品的碳排放系数和消费者质量偏好系数都较低，或者两者都较高时，在碳排放权交易机制下，相比无碳排放限制时，资源化产品生产商的最优利润上升。

在本部分中，通过对比无碳排放限制和存在碳排放限制下生产商的最优定价和最优利润，可以得出以下结论：①资源化产品的碳排放系数较高时，碳排放权交易机制下，原生材料和资源化产品的价格都高于无碳排放限制时的价格。②碳排放权交易机制下，原生材料生产商的利润低于无碳排放限制的利润，当资源化产品的碳排放系数较小时，资源化产品生产商的利润高于无碳排放限制的利润。

4.5.3　算例分析

由于资源化产品最优利润结果较为复杂，为了更好地研究消费者对资源化产品质量偏好系数和资源化产品碳排放系数这两个最优利润影响因素对资源化产品的最优利润的影响。结合本部分的模型，对相关的参数赋值，做如下假设：$s=0.8$，$\beta=1$，$C_n=0.2$，$C_r=0.15$，$e_n=0.5$，$e_0=0.4$，$t=0.5$，$\lambda=0.6$，$\alpha=0.6$，并把各参数代入相应公式，利用 Matlab 得到原生材料和资源化产品利润变动趋势。

考虑到资源化产品质量与原生材料的差异，因此对消费者资源化产品质量偏好系数 α 取不同的值，另外消费者对资源化产品的质量偏好系数不会过高，也不会过低，因此研究 $\alpha\in[0.3,0.8]$ 的情况，假设其他参数不变，分析 α 变动对原生材料和资源化产品生产商最优利润的影响。

图 4-4 中，无碳排放限制下，原生材料利润随着消费者对资源化产品质量偏好系数的升高而逐渐下降。消费者对资源化产品质量偏好系数越高，原生材料利润越低。

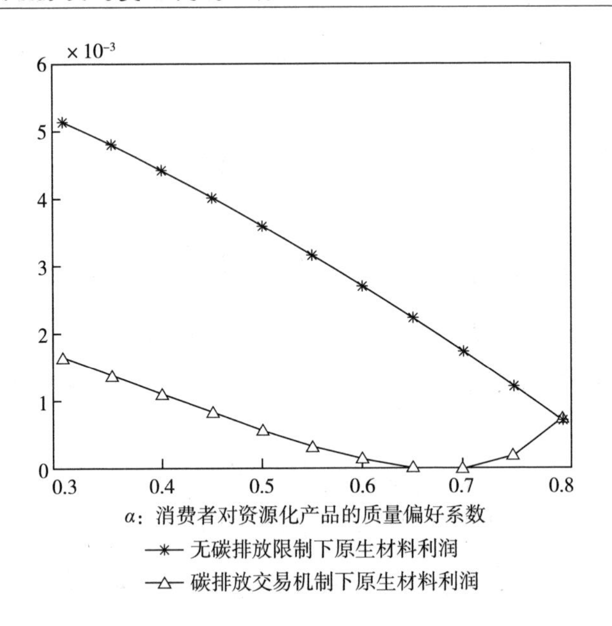

图 4-4 消费者资源化产品质量偏好系数对原生材料利润的影响

碳排放权交易机制下，随着消费者对资源化产品质量偏好系数的升高，原生材料利润先下降后升高。当 $\alpha<0.7$ 时，原生材料利润呈下降趋势；当 $\alpha>0.7$ 时，原生材料利润逐渐增加；在 $\alpha=0.7$ 处，原生材料的利润最低，利润为 0。碳排放权交易机制改变了资源化产品质量偏好系数对原生材料利润的影响，当 $\alpha>0.7$ 时，随着消费者对资源化产品质量偏好系数的升高，原生材料利润逐渐增加。

图 4-5 中，无碳排放限制下，资源化产品利润随着资源化产品质量偏好系数的升高先下降后上升。当 $\alpha<0.62$ 时，资源化产品利润呈下降趋势；当 $\alpha>0.62$ 时，资源化产品利润逐渐增加；在 $\alpha=0.62$ 处，资源化产品利润的利润最低，利润为 0。

碳排放权交易机制下，资源化产品利润随着资源化产品质量偏好系数的增加而上升，资源化产品质量偏好系数越高，资源化产品利润越高，因此碳排放权交易机制下，资源化产品生产商可以提高产品的质量，以提高消费者资源化产品质量偏好系数，提高资源化产品生产的利润。

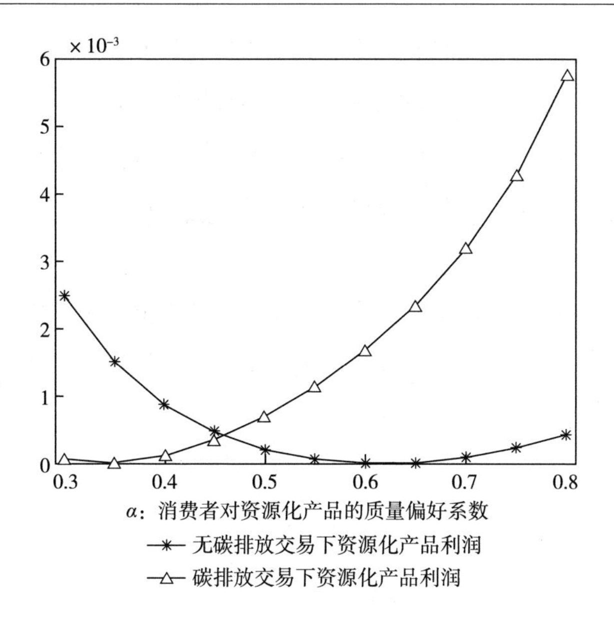

图 4-5　消费者资源化产品质量偏好系数对资源化产品利润的影响

现在对资源化产品碳排放系数 λ 取不同的值，$\lambda \in (0, 1)$，假设其他参数不变，分析 λ 变动对原生材料和资源化产品生产商最优利润的影响。

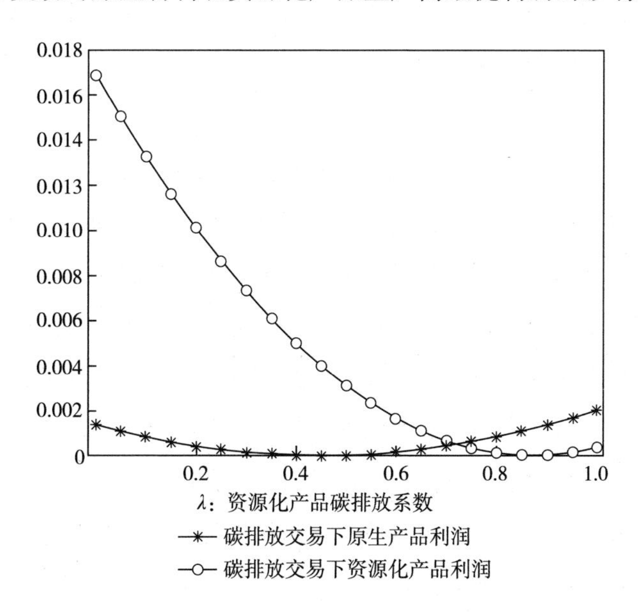

图 4-6　资源化产品碳排放系数对产品利润的影响

图 4-6 中，碳排放权交易机制下，随着资源化产品碳排放系数的升高，原生材料利润先降低后升高，在 $\lambda=0.5$ 时，利润取得最小值。

随着资源化产品碳排放系数的升高，资源化产品的利润降低。资源化产品碳排放系数越高，资源化产品生产商可以出售的碳排放权越少，资源化产品的利润越低。

资源化产品碳排放系数是资源化产品生产商的决策变量，因此，碳排放权交易机制下，资源化产品生产商可以提高碳减排技术，尽量降低资源化产品碳排放系数，提高资源化产品的生产利润。

4.6 结论

为研究碳排放权交易机制下生活垃圾资源化产品定价，本部分在原生材料生产商、资源化产品生产商主导，下游利用厂商跟随的两级供应链中，构建无碳排放限制和存在碳权交易机制下的两种竞争博弈模型，探究两种模型下原生材料和资源化产品的最优定价和最优利润策略。

研究结论如下：

第一，资源化产品的碳排放系数较大时，碳排放权交易机制下，原生材料和资源化产品的价格都高于无碳排放限制的价格。原生材料的生产会引起超额的碳排放，碳排放权交易机制下，超额的碳排放增加了购买碳排放权的成本，原生材料生产商提高原生材料的价格以实现利润最大化。资源化产品的碳排放系数较大时，资源化产品生产商可以出售的碳排放权较少，资源化产品的价格受自身碳排放交易的影响较小。但是在寡头垄断的市场中，资源化产品的价格受原生材料价格的影响，原生材料的价格升高时，市场对资源化产品需求量上升，导致资源化产品的价格也升高；并且随着碳排放权交易价格的升高，购买碳排放权的成本也升高，原生材料、资源化产品的价格增长幅度将有所增大。新产品和绿色产品的价格亦是如此。

第二，碳排放权交易机制下，原生材料生产商的利润低于无碳排放限制的利润，当资源化产品的碳排放系数较小时，资源化产品生产商的利润高于无碳排放限制的利润。随着碳排放权交易机制的引入，产生超额的碳排放的原生材料生产商增加了碳排放权的购买成本，使原生材料生产商的最优利润下降。而资源化产品的生产会产生碳排放权的盈余，在市场上出售获得相应的收益，当资源化产品的碳排放系数较小时，资源化产品生产商可以出售的碳排放权较多，因碳权交易获得的收益增加，资源化产品生产商的最优利润上升；反之，资源化产品生产商的最优利润下降。原生材料生产商和资源化产品生产商都可以通过增加减排投入，引入降低碳排放的设备和技术，加强生产中的碳排放管理：原生材料生产商应减少超额碳排放，控制因碳限额而增加的成本。资源化产品生产商应增加碳排放权盈余，降低资源化产品的碳排放系数，提高生产利润。

第 5 章　城市生活垃圾资源化利用政府决策研究

城市生活垃圾资源化利用，是指城市生活垃圾经过分类后，对其中可再利用、再制造和再循环的部分进行回收，将垃圾由传统的“资源—产品—废弃物”转变为“资源—产品—资源”，成为资源化产品。

2021 年，国家发展改革委、住房和城乡建设部关于印发《“十四五”城镇生活垃圾分类和处理设施发展规划》的通知（发改环资〔2021〕642 号）指出，目前我国生活垃圾采取填埋方式处理的比重依然较大，生活垃圾回收利用企业“小、散、乱”和回收利用水平低的情况仍普遍存在，城市生活垃圾资源化利用率只有 50%，有待进一步提升。到 2025 年底，全国城市生活垃圾资源化利用率达到 60%左右；直辖市、省会城市和计划单列市等 46 个重点城市生活垃圾分类和处理能力进一步提升。2024 年 2 月，国务院办公厅发布了《关于加快构建废弃物循环利用体系的意见》，旨在通过构建废弃物循环利用体系，提高资源利用效率，减少对新资源的依赖，推动低碳循环经济的发展。

然而，生活垃圾资源化并不能由市场自发完成，相对于同类非资源化产品，资源化产品成本和定价较高，且居民支付偏好较低，容易导致资源化企业投入与产出不匹配，影响资源化的顺利开展。为保障资源化的顺利进行，政府往往需提供补贴，以解决企业投入产出不匹配和居民支付偏好较低的难题。不同的补贴方式和补贴额度都将影响补贴的效果，因此，有必要探讨生活垃圾资源化过程中政府最优补贴的方式和大小。

目前，城市生活垃圾“三化”的关键，在于后端分类加工处理，即资源化的实现，由后端带动和推动前端分类，前端和后端协同治理。基于此，本部分主要集中于城市生活垃圾资源化后端，考虑资源化产品的社会效益与环境效益，并设置“三化”指标对其进行量化，通过将政府补贴作为决策核心变量，构建政府、企业、消费者的三阶段博弈，根据 Stackerberg 博弈理论，采用逆向求解法得到社会福利最大化条件下政府最优补贴决策和各主体的最优决策。

5.1 理论基础和研究现状

本部分首先从理论分析的角度，阐述了城市生活垃圾资源化具有准公共物品属性，政府和市场应该共同承担资源化处理的责任。其次梳理了现有研究，发现现有研究存在一些不足，为后续构建政府、生产企业和消费者之间的三阶段博弈模型，探讨不同补贴方式下各参与主体的最优决策和社会最大福利提供了理论基础。

5.1.1 理论基础

5.1.1.1 效用理论

效用理论是研究消费者如何在各种物质商品和各类劳务之间合理分配他们的实际收入，使其对所拥有的商品和劳务的满足程度达到最大化。其中包含两个重要基本概念：总效用与边际效用。总效用是指消费者购买的所有商品和劳务能够增加其满足度的总和，并非消费者购买的商品和劳务越多，总效用越多，当消费者购买的商品或者劳务超过一定数量时，总效用会随着商品或者劳务购买数量的增加而呈递减趋势，且递减趋势逐渐增大。边际效用是指当消费者增加 1 单位商品或者劳务的购买时，能够引起总效用数值变化的大小。总效用数值可以为正，也可以为负，或者为零，它可以衡量商品的经济效率。总效用随边际效用的变化而变化：当边际效用为正值，表明消费者增加 1 单位商品和劳务的购买时，总效用增加，增加数值为边际效用的绝对值；当边际效用为负值，表明消费者增加

1 单位商品和劳务的购买时，总效用减少，减少数值为边际效用的绝对值；当边际效用为零，总效用不随商品或者劳务数量的变化而变化，既不增加也不减少，此时的购买数量为最优消费决策，消费者的总效用达到最大。

5.1.1.2　消费者剩余与生产者剩余

消费者剩余代表消费者的净收益或者额外收益，是指当消费者购买一定数量的商品或者劳务时，消费者愿意支付的最高费用与实际支付费用的差额，在数值上等于愿意支付的最高价格和实际支付价格的差额与购买数量的乘积。消费者剩余与效用理论紧密相关，消费者剩余的大小代表效用的高低。当商品或者劳务的价格一定时，消费者剩余越大，表明消费者对该商品或者劳务的评价越高，即从中获得的效用越高。当消费者对某种商品或者劳务的评价一定时，实际支付的价格越低，则消费者剩余越大。消费者剩余是社会福利的重要一环，为实现社会福利的最大化，需要使消费者剩余尽可能大。

生产者剩余代表生产者的额外收益，是指实际的销售收益与厂商愿意接受的最低收益之间的差值，在数值上等于实际交易价格与愿意接受的最低价格之间的差额与销售数量的乘积。只要厂商的销售价格高于其愿意接受的最低价格，就会产生生产者剩余。

5.1.1.3　准公共物品理论

准公共产品是指介于公共物品和私人物品之间的一种特殊商品，具有有限的非竞争性或有限的非排他性，既具有公共物品的特性，也具有私人物品的特性，由政府和市场共同提供供给。

城市生活垃圾由居民产生，理论上应该由居民自行处置或者处理，但城市生活垃圾的处置与处理具有非排他性，目前主要由政府承担。生活垃圾的非排他性主要体现在其外部性，即居民产生的生活垃圾影响了他人或经济组织，却没有为之承担应有的成本，这些成本主要由政府来承担。长期来看，这种外部性只会导致“垃圾围城”的恶性循环，既不能从根本上解决城市生活垃圾难题，也不能实现生活垃圾的减量化、资源化、无害化，并非长久之计。生活垃圾资源化体系的建设，可以将垃圾处置和处理主体责任转移到企业，产生的一系列良性效益，由居民、企业和政府共享，从而减轻外部性的影响。

5.1.2　研究现状

关于政府对可回收生活垃圾资源化的补贴的研究相对较少，由于可回收生活垃圾资源化产业链与闭环供应链再制造品产业链相似，都是通过对废旧物品的二次循环资源化利用，而关于政府对闭环供应链再制造品补贴的研究相对成熟，因此，主要参考政府对闭环供应链再制造产品的补贴。目前，关于政府补贴的研究主要集中于以下四个方面：

5.1.2.1　政府补贴的理论探讨

李扬等（2018）将政府补贴划分为前补贴与后补贴，用于固定资产建设的前补贴主要作用于行业发展的停滞期与起步期，而对资源化产品价格进行补贴的后补贴机制主要作用于行业的适应期、成长期与协同期，直接推动了垃圾处理行业的发展，是行业发展的驱动力。Zhang 等（2015）认为：政府针对资源化产品的后补贴加速了 PPP 技术的发展和绿色金融服务体系的产生。杜倩倩等（2014）提出，政策收益大于政策成本是实施减量化和计量收费的前提条件。Shea（2019）指出，政府的收益是整个社会的总福利，其构建的政府收益为生产者剩余与消费者剩余之和，再加上环境净效益。程罗娜（2017）认为，环境效益、社会效益、经济效益三者互为一体并彼此依存，分别是根本前提、发展的向导和实质，只有当三者之和达到最大时，社会福利最大化才能得以实现。

5.1.2.2　政府角色定位与责任承担

刘承毅（2014）认为：政府作为生活垃圾资源化生产商与消费者之间的纽带，除了向上游端的城镇居民征收垃圾处理费用，还需要向下游端的垃圾处理企业进行成本补贴，补贴的标准与额度是产品定价的核心。Roberf（2010）通过成本核算分析，认为对生活垃圾资源化再利用和废物回收处置企业投入产出不匹配，政府应该完善相关的政策法规，以弥补成本缺口，从而促进生活垃圾资源化的循环利用。Acessandro（2009）通过对意大利的垃圾分类回收体系进行研究，建议政府对生活垃圾资源化产品使用者进行补贴，从而实现生活垃圾的资源化利用。此外，聂永有和王振坤（2012）以城市垃圾处理产业为例，分析了公共产品供给民营化背景下的政府规划。

5.1.2.3 补贴模式分析

刘晏琴和张耀辉（2018）通过对生活垃圾按量收费与回收补贴两种模式进行分析比较，结果表明由于现阶段居民环保意识不强以及监管环境薄弱，回收补贴的模式更适合现阶段。周安（2016）以政策设计为切入点，研究了信息对称条件与信息不对称条件下政府针对生活垃圾处理企业补贴政策的激励模式。针对绿色产品，孙迪和余玉苗（2018）基于社会福利最大化理论，通过比较分析政府分别补贴绿色生产商和消费者两种补贴模式下的效果差异，确定了最优补贴政策。贡文伟等（2014）分析了政府对再制造闭环供应链中废品回收制造商进行补贴和不补贴两种情形下的最优策略的变化。Suprira 和 Scott（2007）通过分析政府分别补贴制造商、再制造商或者同时补贴两者三种不同模式下的闭环供应链决策问题，得出当政府同时补贴时，制造商会在最初根据产品的回收再制造需要设计产品，从而积极参与再制造。彭志强和宋文权（2016）建立了集中式与分散式闭环供应链决策模型，分析了差别定价下的不同补贴模式中，新产品与再制造产品差别定价的闭环供应链协调机制与相关主体的决策。程发新等（2017）在废旧产品回收质量不确定的条件下，利用博弈论的方法研究政府补贴制造商或者补贴第三方回收商两种补贴模式的定价决策和效果差异。公彦德等（2016）通过构建政府仅补贴拆解企业与同时补贴制造商与拆解企业的博弈模型，研究比较两种补贴模式下对闭环供应链模型效果的差异。

5.1.2.4 最优补贴策略研究

朱庆华和窦一杰（2011）构建了消费者环境偏好存在差异条件下的政企三阶段博弈模型，得到产商的最优绿色度水平及政府的最优补贴，为相关利益主体的决策提供理论指导。Luo（2014）针对电动汽车行业，就政府对制造商和零售商采取的成本补贴政策和补贴上限政策进行研究分析，得到最优的补贴率与补贴上限。曹裕等（2019）通过研究不同政府补贴策略对绿色供应链相关主体决策的影响，得到不同补贴策略下各利益主体的最优策略。彭鸿广和骆建文（2011）指出，在激励供应商的研发努力和增进社会福利方面，补贴对象不影响最终的效果差异，即补贴消费者或者对供应商具有相同的效果，且存在一个最优的单位补贴额度使得社会福利的增进达到最大。

当前，关于垃圾资源化产品研究有以下两点不足：第一，现有的研究中，政府补贴大多仅作为参数处理，而非决策变量。生活垃圾资源化产品中除了包含正常的生产成本外，还复合有资源节约和环境治理成本；为弥补企业投入产出不匹配，政府必须对企业进行补贴。政府的政策支持与财政补贴是推动生活垃圾资源化行业发展的重要动力，对生产商与消费者的决策有着重要影响，故政府补贴不能仅作为参数变量。第二，政府的期望收益为社会福利最大化，现有的文献考虑政府收益时主要为消费者剩余、生产者剩余和政府补贴的支出。在生活垃圾资源化中，政府收益除了上述以外，还应该包括社会效益与环境效益，社会效益与环境效益对政府补贴的决策有着重要影响，必须加以考虑。

5.2　城市生活垃圾资源化理论分析与现状分析

随着我国经济社会的快速发展，城市生活垃圾产生量持续增加，给城市环境和生态带来了严重的压力。生活垃圾资源化利用是解决这一问题的重要途径，对于减少资源浪费、保护生态环境具有重要意义。本部分将从理论和现实两个角度，对城市生活垃圾资源化进行深入分析。通过理论分析和现状分析，为进一步研究城市生活垃圾资源化利用的政府决策提供了理论支撑，为推动城市生活垃圾资源化利用的协同治理提供了重要参考。

5.2.1　理论分析

5.2.1.1　环境效益分析

生活垃圾资源化的环境效益主要体现在以下两方面：一方面是如果没有进行资源化处理，生活垃圾将对自然生态环境和人体健康产生危害，而资源化能够有效避免或者减轻非资源化造成的环境危害。另一方面是资源化过程对生活垃圾中的再生资源循环利用，减少资源浪费，节约能源，促进可持续发展。每年的生活垃圾产量巨大，若不妥善及时处理，生活垃圾中的有害物质将进入自然生态循环，侵害土质、水体，危害动物的生存和繁衍、植被和农作物的生长，影响人类的身体健康。生活垃圾的危害主要体现在：

1）侵占土地。从生活垃圾产生到运输至无害化处理厂，需要经历多个环节的堆放，截至 2022 年末，处置终端的无害化处理场已达到 1399 座，大多数的堆放场和处理厂设在郊区，占地面积巨大，侵占了大量的耕地面积①。

2）污染土质，危害农业生态。生活垃圾的随意处置和堆放过程中，会对土壤的理化性质产生破坏，使土壤的酸性或者碱性极端化，团粒结构损坏，破坏了土壤的保水保肥功能；生活垃圾堆放腐烂过程中，会溶解出大量的重金属，导致土壤中重金属堆积过量，使农作物成长受损或者含有毒性，危害食用；此外，生活垃圾中的塑料、玻璃、金属、橡胶、砖瓦等成分被埋入土中后，也会对农作物的成长造成影响。

3）污染水体。生活垃圾中含有多种病原微生物，且在堆放腐败过程中会溶解出大量的酸碱有机污染物、重金属；随着自身水分和雨水，这些有害物质滤液流入地表水体和渗入土壤，会造成地表水和地下水的污染。

4）污染大气。生活垃圾在堆放与处置过程中，会分解释放出大量的氨、硫化物等有毒有害气体，如二氧化碳、硫化氢、氨气、二硫化碳、硫醇等，会对大气造成污染。此外，这些有毒有害气体也存在引发爆炸的安全隐患。

5）传播疾病，影响卫生安全。生活垃圾堆放场潮湿阴暗，滋生大量的老鼠、苍蝇、蚊子、病原体等传播源，具有潜在传播疾病的危险，影响卫生安全。

生活垃圾资源化在一定程度上有效避免或者减轻以上危害，同时相对于一次资源制造，对环境的造成的伤害更小，具有良好的环境效益。相较于一次资源制造，能够减少资源浪费，节约能源，实现再生资源的循环利用。比如生活垃圾中的废纸造纸相对于一次资源造纸能够在原料消耗、耗水量、能源、耗氧量等方面减少资源浪费，还能够减少固体生活垃圾和大气污染，具体数据如表 5-1 所示。

表 5-1　废纸造纸的环境效益　　单位：%

能源消耗	耗水量	节约能源	大气污染	生物耗氧量	水中悬浮物	固体生活垃圾
-40	-50	-65	-65	-40	-25	-70

资料来源：刘欣艳和芦会杰（2019）。

① 资料来源：国家统计局年度数据——资源和环境——城市生活垃圾清运和处理情况。

5.2.1.2　社会效益分析

城市生活垃圾资源化除具有个体经济特性外，还具有准公共物品属性，主要体现在社会效益方面，有以下四点：①完善城市生活垃圾回收产业链，推动其资源化体系的构建，形成可复制的城市生活垃圾处理模式，有利于科学高效地解决“垃圾围城”问题。②减少环境污染，促进生态的可持续发展，改善居民居住环境的质量，提高了居民幸福指数，有利于卫生文明城市的建立。③资源化体系涉及多个环节：分类回收、运输、生产加工、销售等环节，催生了不同类型的大中小企业，创造大量的就业岗位。④直接或间接地创造了大量经济价值，能够使更多人受益。政府可将本该用于城市生活垃圾治理的财政支出用于其他地方，解决更多的社会问题，其他相关主体则从其中获得经济收入，增加了社会财富。

5.2.1.3　城市生活垃圾资源化产品政府补贴必要性分析

城市生活垃圾的资源化具有有限的非竞争性与不完全的非排他性，符合准公共物品属性，理论上，政府和市场应该共同承担资源化处理的责任。在资源化体系中，资源化的主要处理责任转移到市场相关主体，政府主要负责宏观监管和政策引导。为了促进城市生活垃圾资源化的顺利进行，政府有必要对相关主体进行财政补贴，具体理由如下：

作为准公共物品，城市生活垃圾资源化的非排他性主要表现在外部效应：生活垃圾制造者抛弃的垃圾污染了环境，给垃圾治理带来了负担，提高了治理的社会成本，损失社会整体利益。但生活垃圾的制造者无须花费代价或者代价很低，因此产生的环境治理成本却由社会和全体居民承担。这种负外部性，导致市场在自发处理生活垃圾分类、回收和处理问题上失灵，市场不能自动解决垃圾处理问题，因此需要在外部效应理论的指导下，政府作为公共利益的代表在城市生活垃圾资源化过程中占据主导地位，提供垃圾治理公共服务。如果政府职能不到位或缺失，将会导致“垃圾围城”和环境恶化。城市生活垃圾的资源化还具有有限的非竞争性，随着城市人口不断增加和经济的不断发展，城市生活垃圾的产量猛增，城市垃圾承载能力承受巨大负担，垃圾增长量与政府有限的处理能力之间的矛盾越来越严重。政府虽然承担着社会治理和环境维护的责任，但政府力量薄弱，必须借助于社会和市场的力量进行垃圾处理，需要将生活垃圾回收和资源化处理的责任转移给回收企业和生活垃圾资源化产品生产企业。准公共物品属性决定了政府力量不能缺失，也不能由市场完全替代，可以借助市场力量，但必须要给予市场一定的财政补贴。

从资源化体系内部来说，相对于同类的非资源化产品，生活垃圾资源化相关主体需要投入的成本更高，容易造成投入产出不匹配的矛盾。为获得正常利润，生产企业对于生活垃圾资源化产品的定价会高于同类的非资源化产品，难以满足消费者的支付意愿。在产品功能大概一致的情形下，除了少部分环保主义者愿意支付较高价格购买生活垃圾资源化产品，大多消费者更倾向于购买价格较低的同类非资源化产品，容易造成资源化后端停滞，引发更大的矛盾。为支持鼓励生活垃圾资源化产品生产企业的发展和促进消费者购买生活垃圾资源化产品，解决企业投入产出不匹配的矛盾，使资源得到更好的配置和利用，政府有必要对生活垃圾资源化系统进行补贴。同时，资源化产品除具有正常的经济价值外，还附有环境价值和社会价值，但产品售价主要体现其经济价值，为了使产品的价值得到全面体现，政府有必要对其进行价值评估和补贴，以反映其环境价值和社会价值。这种补贴不仅可以帮助生产企业降低成本，从而降低产品售价；还可以激励消费者选择资源化产品，促进资源的有效配置和可持续利用。通过这种方式，政府能够在经济、环境和社会层面上支持生活垃圾资源化产品的发展，缓解企业投入产出不匹配的矛盾，并推动更广泛的环保意识和实践。

5.2.2 现状分析

5.2.2.1 环境效益分析

城市生活垃圾资源化位于垃圾处理产业链的中后端，研究城市生活垃圾资源化的最优补贴政策，必须将资源化环节置于整个产业链当中，综合考虑所有参与主体的决策影响。城市生活垃圾资源化产业链的参与主体主要包括以下七类，如图 5-1 所示。

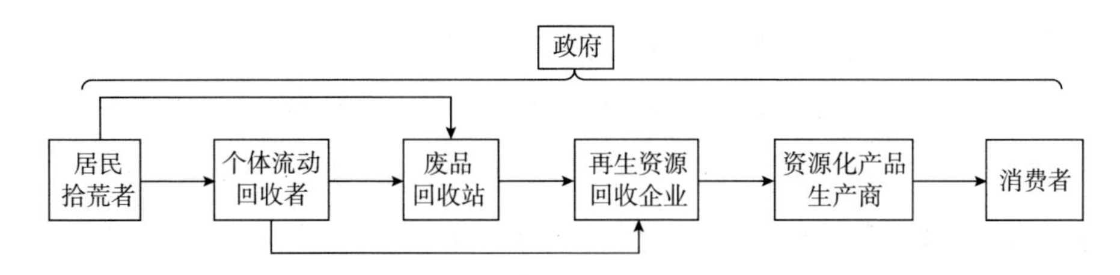

图 5-1　城市生活垃圾资源化参与主体

居民和拾荒者位于产业链的前端，生产垃圾并对垃圾进行初步分类后将其中可以二次利用的部分出售给个体流动回收者或废品回收站，经过不同的回收渠道，城市生活垃圾会被转移到再生资源回收企业，通过进一步的分类筛选和初步加工作为生产资源化产品“原料”的出售给资源化产品生产企业，经过一系列工序制作成生活垃圾资源化产品出售给消费者。

居民也是生活垃圾主要生产者，根据污染者责任原则，居民需要承担垃圾分类回收和保护环境的责任；同时，居民是城市生活垃圾资源化处理的受益者，享受了由此带来的环境效益和社会效益，居住环境的质量得到改善，幸福感指数得到提高。因此，综合来看，居民在城市生活垃圾资源化体系中位于源头，也是其中的主力军，居民的积极参与是确保资源化顺利发展的前提与保障。但是以现阶段的国情来看，居民对生活垃圾的“三化”认识不足，环保意识较为薄弱，且认为生活垃圾的处置与处理责任应由政府完全承担。由此导致了居民置身事外，在城市生活垃圾资源化源头的分类工作中执行力不够，为资源化产业链的顺利发展带来困难。

回收企业和生产企业是城市生活垃圾资源化处理体系中的主要责任方，是政策的实施者，其经营目标是利润最大化，成本最小化。就现阶段的发展情况来看，尽管有部分大企业在该领域得到较好的发展，但是城市生活垃圾的回收和资源化处理在全国范围内仍然没有做到全面产业化。垃圾回收工作主要依靠个体回收站或者个人走街串巷进行回收，回收对象主要是废品拾荒者和少部分居民，回收效率较低，效果不佳。对于可进行资源化的城市生活垃圾回收工作，仍然具有较大的拓展空间，只有在源头处尽可能多地对可资源化垃圾进行回收，才能更大限度地向生产企业输送“制造原料”。生产企业属于城市生活垃圾的处置和处理终端，是产业链的核心，负责将前端输送的垃圾进行资源化和无害化处理，该阶段决定了垃圾处理的成效。目前城市生活垃圾资源化产品生产企业最大的难题是企业投入产出不匹配，相对于生产同类普通产品的非资源化企业，资源化产品生产企业需要投入更多的成本，而消费者对较高价格的城市生活垃圾资源化产品的支付意愿较低，从而造成企业靠正常收入能以维持正常的运营和发展。所以，回收企业和生产企业是补贴政策激励的核心对象。如果政府的补贴政策有效，回收企业和生产企业就会有较为客观的投资收益预期，主动执行措施，努力通过技术升级和产业化提升垃圾回收处理效率，最终实现生活垃圾资源化，以及生活垃圾的高效循环利用。

相较于传统的城市生活垃圾处理模式，政府角色发生转变，不再完全承担垃圾的清运和处理责任，在城市生活垃圾资源化体系中，政府是体系的监管者和维护者。监管责任主要体现在监督各企业的责任落实情况，是否在各流程中合理合法处理生活垃圾，同时实施各企业的违规违法处置；维护责任主要体现在通过生活垃圾分类、收运、处理等多环节实施激励机制以及财政政策，将责任转移给回收企业和资源化产品生产企业等部门，推动生活垃圾资源化处理体系的建设，维持企业的正常的运营发展。

虽然以上参与主体在生活垃圾资源化中扮演的角色和承担的责任各不相同，但各主体的实施效果环环相扣，互相影响，且缺一不可。只有各主体协同努力，才能更大限度地实现城市生活垃圾的资源化，创造更大的价值。

5.2.2.2 对产业链源头的补贴分析

在生活垃圾分类回收工作中，各地政府采取的鼓励手段各不相同，并没有统一的模式，故本部分北京市为例，具体方式主要有以下四种：

(1) 经济补偿机制

鉴于城市生活垃圾的外部性，北京市政府根据污染者付费原则向垃圾生产者进行收费，收费的指导标准为“多排放多付费、少排放少付费，混合垃圾多付费、分类垃圾少付费”。通过加强垃圾收费管理制度的落实，推进城市生活垃圾的分类回收，实现末端的减量和资源化利用；并结合补偿机制的相关内容，逐步

建立易于收缴、分类计价、计量收费的城市生活垃圾处理经济补偿机制，由发展改革部门与环保、财政、城市管理等部门协同制定与落实相关的具体办法，充分发挥政府的指导和监管作用。

（2）激励机制

自 2013 年 8 月起，北京市石景山区某社区推出“环保存折”这一新举措。居民可自主向社区申请“环保存折”，经核实后由社区工作人员发放，此后如果居民对生活垃圾分类，可在社区固定回收点进行称重核算后形成“存款”，当“存款”达到一定余额时，居民可在定点超市兑换生活用品。试行以来，社区垃圾回收利用率显著提高，社区环境也有所改善，政策实施整体具有良好效果。2022 年 8 月，由北京市发展和改革委员会指导，北京节能环保中心主办的“2022 北京绿色生活季”正式启动，通过北京绿色生活碳普惠平台，市民可以建立“个人碳账本”，让绿色低碳行为及时获得奖励，如地铁卡、骑行卡、停车券及其他绿色消费券等，进一步促进了居民的绿色低碳生活方式。

（3）垃圾智能分类公众号

为了更好地帮助居民进行垃圾分类，北京环卫集团推出了垃圾智慧分类指南的公众号。居民通过关注微信公众号，便可以看到关于垃圾智慧分类使用包的栏目，微信公众号里详细介绍了智慧分类系统的操作使用方式。居民将生活垃圾按要求分类后，在包装上贴好二维码投入专用的生活垃圾回收柜，维护人员在清理收运生活垃圾的过程中，将居民分类生活垃圾的数据上传到网络积分反馈平台，服务器会折算成积分储存在居民的线上账户，后期居民可通过积分兑换生活用品购物卡或者现金。

（4）宣传教育

为了更好地帮助居民进行垃圾分类，相关部门和社区工作人员采取了多种措施。通过社区工作人员、党员和居民志愿者逐门逐户进行垃圾分类宣传，确保居民充分了解并遵循分类规则。同时，社区工作人员在小区内张贴分类指引和提示标识，设置了多种分类收集容器，并指派专人负责定期收运和管理，以确保分类效果。此外，社区还组织开展垃圾分类知识讲座和竞赛活动，激发居民的参与热情，培养居民良好的垃圾分类习惯。

5.2.2.3　对产业链后端生产环节的补贴分析

针对生产企业，政府主要采取财政补贴、税收减免和政府采购等方式支持鼓励生产环节的发展，具体方式如下：

（1）政府采购

由财政部和国家发展改革委联合颁布了《节能产品政府采购实施意见》，并相应制定公布了“节能产品政府采购清单”。文件表示：各级国家机关、事业单位和团体组织，当使用国家财政性资金进行采购时，应当优先购买清单中的节能产品。通过该方式，一方面可以促进节能产品生产企业的进步与发展，解决其产品市场空间阻滞问题；另一方面可以提高节能产品的使用率，保护环境和节约资源，推动可持续发展。通过使用节能产品，降低了政府的能源费用开支，节约了财政资金。2024 年 1 月，国家发展改革委、住房和城乡建设部等六部门联合发布《重点用能产品设备能效先进水平、节能水平和准入水平（2024 年版）》。该文件指出：党政机关、体育场馆、学校、医院等公共机构要充分发挥示范带动作用，积极落实政府绿色采购政策。这一政策的出台，进一步推动了公共机构在节能减排和绿色采购方面发挥引领作用，为社会各界树立了良好的低碳环保榜样。

（2）财政补贴

财政补贴的具体方式有财政资金拨付、低息贷款和税收减免等。①财政资金拨付：资源化生产企业符合国家环保支持产业，当企业达到一定规模，且生产技术符合国家的规定的水平时，企业可向政府申请一定的资金支持。通过审核后，企业可获得一定的补贴资金用于企业发展，资金使用需符合申请用途，专款专用。②低息贷款：该方式是政府常用的一种财政支持手段，通过对资源化生产企业给予低息贷款政策，降低了企业的成本投入，属于间接的财政补贴。③税收减免：《中华人民共和国环境保护税法》中提出：纳税人综合利用的固体废弃物，符合国家和地方环境保护标准的以对其实行税收减免。广义的绿色税中也指明企业多污染多收税、少污染少收税。资源化生产企业对城市生活垃圾中的可资源物质和能源进行再利用、再制造、再循环，相对于同类非资源化企业，其生产加工过程和产品的污染更少，更好地保护了自然生态环境符合税收减免政策。通过税收减免政策，资源化企业在无形中获得额外收益，有利于其持续发展。

(3) 其他补贴方式

国务院办公厅出台《关于开展资源节约活动的通知》，明确提出，国家发展改革委、税收部门和财政部需不断完善节能、节水设备（产品）目录，研究采取优惠政策，激励生产、销售和使用节能、节水设备（产品），开发和利用再生能源。除上述补贴方式外，各地政府也应结合当地实际情况采取一些补贴措施，从不同方面促进资源化企业的积极发展，例如：①加速折旧：通过加大企业节能设备前期的应纳税扣除额，以延期纳税的优惠方式，节能设备的推广应用。②科研资助：具体方式有指派专业人才对企业进行技术支持、对企业员工进行技术培训等。③政策优惠与支持：在相关政策方面，优先考虑资源化生产企业，且给予部分优惠。

5.2.2.4　对产业链末端销售者的补贴分析

为了加快高效节能产品的推广，扩大内需，尤其是消费者需求和提高终端效能产品能源效率，2009 年 5 月 18 日，由财政部、国家发展改革委共同颁布《关于开展“节能产品惠民工程”的通知》（该文件 2016 年废止）。文件表示将采用财政补助资金的方式，扩大高效节能产品的市场份额，具体补贴对象为购买高效节能产品的消费者，补贴方式为中央财政部对高效节能生产企业进行补贴，再由生产企业按照规定以补贴后的价格向消费者进行销售，当产品的市场份额达到一定水平时，国家将不再采取补贴。2012 年，由财政部、国家发展改革委、工业和信息化部联合发布通知，对补贴对象范围进行了补充。2022 年 7 月，商务部等 13 部门发布《关于做好 2023 年促进绿色智能家电消费工作的通知》，该文件提出支持家电以旧换新，鼓励消费者在购买新家电时交售旧家电。这不仅有利于促进废旧家电的回收，也通过补贴政策鼓励消费者选择更环保、更智能的家电产品，推动绿色家电消费。2023 年 5 月，商务部等 13 部门发布印发《关于促进绿色智能家电消费若干措施的通知》。该通知制定并完善了家电以旧换新工作方案，建立健全保障家电企业公平参与的工作机制。鼓励有条件的地方通过组织生产企业、电商平台、实体商业、回收企业建立对接机制、搭建协作平台、明确换新流程等方式，提升废旧家电交售和补贴领取的便利性，从而促进绿色智能家电的升级换新消费。

5.3 问题描述与模型假设

城市生活垃圾资源化产业的持续发展面临着一些挑战，如资源化生产企业的投入产出不匹配、资源化产品的价值得不到充分反映等。本部分对这一问题进行了详细描述，并设置了一系列合理的模型假设，为后续的博弈模型构建奠定了基础。本部分的研究有助于深入理解城市生活垃圾资源化产业发展中的关键问题，并为政府制定有针对性的支持政策提供理论依据。通过构建政府、生产企业和消费者之间的博弈模型，可以得到各主体的最优决策，为实现城市生活垃圾资源化利用的可持续发展提供重要参考。

5.3.1 问题描述

市场中只有城市生活垃圾资源化产品生产企业和同类非资源化产品生产企业，分别生产资源化产品和同类非资源化产品，以不同价格出售给消费者。相较于同类非资源化产品的生产制造，资源化生产企业需要将从回收企业处获得的可资源化垃圾先加工为资源化产品的原材料，再通过生产加工后制造为资源化产品，因此其成本和产品售价远高于同类非资源化产品。产品基本功能效用一致，但由于资源化产品具有更高的环境效益和社会效益，其销售价格远高于同类非资源化产品，容易造成资源化生产企业投入产出不匹配的矛盾，影响城市生活垃圾资源化产业的持续发展。若资源化产品定价和同类非资源化产品大致持平，虽然能解决产品后端销售问题，但产品的价值不能得到完全反应，且资源化生产企业无利可图，不符合长久的可持续发展要求。为了科学有效地解决资源化生产企业投入产出不匹配和产品价值得不到补偿的问题，政府除了提供政策指引和监管职能外，还需要采取相应的财政补贴，将责任逐步转移给城市生活垃圾资源化产品生产企业，鼓励最大限度地将生活垃圾减量化、无害化、资源化，促进经济的循环发展，如图 5-2 所示。

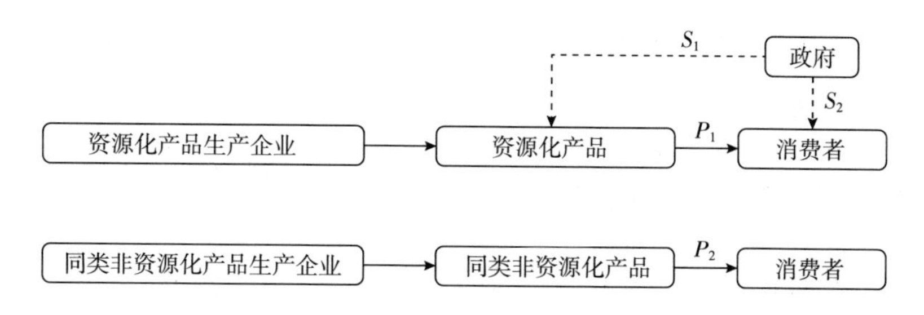

图 5-2　政府补贴下城市生活垃圾资源化产品供应链

在政府补贴下的城市生活垃圾资源化产品供应链中，政府的政策支持与财政补贴是推动生活垃圾资源化产业发展的重要动力，对生产企业与消费者的决策有着重要影响。而资源化产品生产企业和同类非资源化产品生产企业之间存在寡头竞争：同类非资源化产品生产企业实力相对雄厚，具有支配地位，扮演了主导者的角色；资源化产品生产企业实力相对较弱，不具有支配地位，属于追随者。

城市生活垃圾资源化产品的生产、制造和销售是生化垃圾资源化体系的核心阶段，需综合反映由《中华人民共和国固体废物污染环境防治法》《中华人民共和国循环经济促进法》所确立的垃圾处理原则——减量化、无害化、资源化，三个指标相对独立并逐步深化，且具有一定的内在逻辑关系。具体而言，反映了垃圾和有毒有害物质的减少量、对环境和人体健康的无害化、废弃资源的利用率。本部分通过设定"三化指标"衡量资源化产品减量化、资源化、无害化的程度，政府对超过同类非资源化产品的"三化指标"程度进行补贴。构建四种政府补贴模式下城市生活垃圾资源化体系后端的价格博弈模型，以政府不采取补贴作为对照组，分析比较政府仅补贴资源化产品生产企业、仅补贴购买城市生活垃圾资源化产品的消费者、同时补贴资源化产品生产企业和购买其产品的消费者三种不同模式下的最优决策和效益差异。当政府仅补贴生产者时，补贴侧重于解决资源化生产企业投入产出不匹配的矛盾；通过政府的财政补贴，减轻生产企业的成本支出。当政府仅补贴消费者时，主要考虑资源化产品性对于普通产品价格较高，只有少部分消费者具有消费意愿；通过补贴消费者能够降低资源化产品的实际价格，提高消费者的支付意愿，解决企业销售难题。当政府同时对两者进行补贴时，能在一定程度上解决两者分别面临的问题，既能减轻生产企业的成本负担，又能促进企业的后端销售。

5.3.2 模型假设与参数设定

模型假设如下：

1）信息具有完全性。主体之间信息共享，买方和卖方都知道既定的市场价格，根据所掌握的信息做出最优决策，获得最大的经济利润。

2）当市场容量为1时，仅有资源化产品生产企业和同类非资源化产品生产企业，形成寡头市场。

3）消费者只能选择购买一种类型的产品。

4）资源化生产企业为实现“三化”目的，需付出相应的研发和技术成本。从减量化、无害化、资源化三个维度衡量产品的垃圾和有毒有害物质的减少量、对环境和人体健康的无害化、废弃资源的利用率。假设资源化产品、同类非资源化产品的“三化指标”分别为π、π_0（$\pi>\pi_0$），借鉴AJ模型（D'Aspremont and Jacquemin，1988），假设单位研发成本与“三化指标”提升水平呈二次方关系。

5）当同时补贴资源化产品的生产者和消费者时，补贴金额在资源化生产企业和消费者之间的分配比例分别为ζ和$1-\zeta$（$\zeta\in[0,1]$）。

6）政府收益为社会总福利，数值上等于资源化生产企业收益、同类非资源化生产企业收益与消费者剩余之和再减去政府补贴。

建模所涉及的参数如表5-2所示。

表5-2 参数设定

参数符号	参数意义
p_1、p_2	资源化产品、同类非资源化产品的售价
c_1、c_2	资源化产品、同类非资源化产品的边际成本
q_1、q_2	消费者对资源化产品、同类非资源化产品的需求
π、π_0	资源化产品、同类非资源化产品的“三化指标”
$m\pi^2$	单位产品“三化处理技术”综合研发成本
t	“三化指标”调整因子$t\in[0,1]$

续表

参数符号	参数意义
r	单位资源化产品补贴系数，$r=t(\pi-\pi_0)$
ξ	生产企业获得的政府补贴金额比例($\xi\in[0,\ 1]$)
δ	消费者对产品在生产和使用中蕴含的环境效用和社会效用的满意度
u	同类非资源化产品带给消费者的效用
γu	资源化产品带给消费者的效用
U_1、U_2	购买资源化产品、同类非资源化产品的消费者效用
CS_1、CS_2	购买资源化产品、同类非资源化产品的消费者剩余
S_1、S_2	政府对资源化生产企业、购买资源化产品的消费者的补贴金额
W_1、W_2、W_G	资源化生产企业收益、同类非资源化生产企业收益、政府收益

5.4　博弈模型构建

根据 Stackerberg 博弈理论，构建政府、生产企业和消费者之间的三阶段博弈模型：第一阶段为购买资源化产品和同类非资源化产品的消费者之间的博弈，双方根据各自的需求确定最优需求数量；第二阶段为双寡头企业之间的价格博弈，资源化生产企业和同类非资源化生产企业根据第一阶段的最佳消费者需求量确定各自的最优价格，从而使自己达到最大利润；第三阶段通过构建社会福利函数，在社会福利最大化条件下，政府确定对资源化生产企业或购买资源化产品的消费者的最佳补贴。以上述三阶段博弈模型为基础，构建四种政府补贴模式下的博弈模型。

5.4.1　政府不补贴模式下的博弈模型

根据上述模型假设，构建政府不补贴模式下各主体的博弈模型，求出社会福利最大化条件下的各主体最优决策。具体如下：

资源化产品生产企业收益函数：

$$W_1=(p_1-c_1-m\pi^2)q_1 \tag{5-1}$$

同类非资源化生产企业收益函数：

$$W_2=(p_2-c_2-m\pi_0^2)q_2 \tag{5-2}$$

参照 Li 等（2014）的研究，得到两类消费者的效用函数如式（5-3）、式（5-4）所示：

购买资源化产品的消费者效用函数：

$$U_1=\gamma\delta u-p_1 \tag{5-3}$$

购买同类非资源化产品的消费者效用函数：

$$U_2=\delta u-p_2 \tag{5-4}$$

政府收益：

$$W_G=W_1+W_2+CS_1+CS_2 \tag{5-5}$$

根据利润最大化条件，确定第二阶段企业的最优决策，即通过对资源化生产企业和同类非资源化生产企业收益函数的价格进行一阶求导，得到利润最大化条件下的最优价格与最优需求，并将其代入得到最优政府收益：

$$W_{G^*}=\frac{\begin{array}{c}12\gamma^4u^2-24\gamma^3c_1u+12\gamma^3c_2^2+24\gamma^3c_2m\pi_0^2-8\gamma^3c_2u+12\gamma^3m^2\pi_0^4-24\gamma^3m\pi^2u+6c_2\gamma m\pi^2-\\8\gamma^3m\pi_0^2u-13\gamma^3u^2+12\gamma^2c_1^2-16\gamma^2c_1c_2+24\gamma^2c_1m\pi^2-16\gamma^2c_1m\pi_0^2+34\gamma^2c_1u+4\gamma c_2m\pi_0^2-\\9\gamma^2c_2^2-16\gamma^2c_2m\pi^2-18\gamma^2c_2m\pi_0^2+12\gamma^2c_2u+12\gamma^2m^2\pi^4-16\gamma^2m^2\pi^2\pi_0^2-4\gamma c_2u+2\gamma c_2^2-\\9\gamma^2m^2\pi_0^4+34\gamma^2m\pi^2u+12\gamma^2m\pi_0^2u-\gamma^2u^2-9\gamma c_1^2+6\gamma c_1c_2-18\gamma c_1m\pi^2-9\gamma m^2\pi^4-10\gamma c_1u-\\10\gamma m\gamma^2u-4\gamma m\pi_0^2u+2\gamma u^2+2c_1^2+4c_1m\pi^2+2m^2\pi^4+6\gamma c_1m\pi_0^2+2\gamma m^2\pi_0^4+6\gamma m^2\pi^2\pi_0^2\end{array}}{2u(4\gamma-1)^2(\gamma-1)} \tag{5-6}$$

5.4.2 政府仅补贴资源化生产企业的博弈模型

此模型下，同类非资源化生产企业收益函数同式（5-2），购买资源化产品的消费者效用函数同式（5-3），购买同类非资源化产品的消费者效用函数同式（5-4）。

资源化生产企业收益函数：

$$W_1=[p_1-c_1-m\pi^2+p_1t(\pi-\pi_0)]q_1 \tag{5-7}$$

政府收益：

$$W_G = W_1 + W_2 + CS_1 + CS_2 - S_1 \tag{5-8}$$

根据企业利润最大化条件$\frac{\mathrm{d}W_1}{\mathrm{d}p_1}=0$，$\frac{\mathrm{d}W_2}{\mathrm{d}p_2}=0$，得到该模式下的最优政府收益$W_{G^*}$，通过$W_{G^*}$对$t$求一阶导，得最优调整因子为：

$$t^* = \frac{c_1-3\gamma c_1+2\gamma c_2-3\gamma u+4\gamma^2 c_1-\sigma_3+\sigma_4-\sigma_5+m\pi^2+4\gamma^2 m\pi^2-\sigma_1-3\gamma m\pi^2+\sigma_2}{(\pi-\pi_0)(c_1-6\gamma c_1+2\gamma c_2-3\gamma u+8\gamma^2 c_1-\sigma_3+\sigma_4-\sigma_5+m\pi^2+8\gamma^2 m\pi^2-\sigma_1-6\gamma m\pi^2+\sigma_2)} \tag{5-9}$$

式中，$\sigma_1=4\gamma^2 m\pi_0^2$；$\sigma_2=2\gamma m\pi_0^2$；$\sigma_3=4\gamma^2 c_2$；$\sigma_4=7\gamma^2 u$；$\sigma_5=4\gamma^3 u$。

5.4.3　政府仅补贴购买资源化产品的消费者的博弈模型

此模式下，资源化产品生产企业和同类非资源化产品生产企业的收益函数同式（5-1）和式（5-2），购买同类非资源化产品的消费者效用函数同式（5-4）。

购买资源化产品的消费者效用函数为：

$$U_1 = \gamma\delta u - p_1[1-t(\pi-\pi_0)] \tag{5-10}$$

政府补贴：

$$S_2 = p_1 t(\pi-\pi_0) q_1 \tag{5-11}$$

假定政府收益等于社会福利，数值上等于两个企业的收益与两类消费者剩余之和再减去政府的补贴支出。

$$W_G = W_1 + W_2 + CS_1 + CS_2 - S_2 \tag{5-12}$$

计算得最优调整因子为：

$$t^* = \frac{c_1+m\pi^2+\gamma(-3c_1+2c_2-3u-3m\pi^2+2m\pi_0^2)+\gamma^2(4c_1-4c_2+7u-4\gamma u+4m\pi^2-4m\pi_0^2)}{\gamma(4\gamma-3)(m\pi^2+c_1)(\pi-\pi_0)} \tag{5-13}$$

5.4.4　政府同时补贴资源化生产企业与购买其产品的消费者的博弈模型

此模式下，同类非资源化产品生产企业收益函数和其消费者效用函数同式（5-2）和式（5-4）。

资源化生产企业收益函数：

$$W_1=[p_1-c_1-m\pi^2+\xi p_1 t(\pi-\pi_0)]q_1 \tag{5-14}$$

购买资源化产品的消费者效用函数：

$$U_1=\gamma\delta u-p_1[1-\xi t(\pi-\pi_0)] \tag{5-15}$$

政府对资源化产品生产企业和消费者的补贴分别为：

$$S'_1=\xi p_1 t(\pi-\pi_0)q_1 \quad S'_2=(1-\xi)p_1 t(\pi-\pi_0)q_1 \tag{5-16}$$

最优政府收益：

$$W_G^*=W_1^*+W_2^*+CS_1^*+CS_2^*-(S_1')^*-(S_2')^* \tag{5-17}$$

计算得最优调整因子 t^*：

$$t^*=\frac{\begin{array}{c}24\gamma^4\xi^3\pi^2u^2-24\gamma^4\xi^3\pi_0^2u^2+12\gamma^4\xi^2\pi^2u^2+12\gamma^4\xi^2\pi_0^2u^2+48\gamma^3\xi^3\pi^2u^2+48\gamma^3\xi^3\pi_0^2u^2\\24\gamma^3\xi^2\pi^2u^2-24\gamma^3\xi^2\pi_0^2u^2+16\gamma^2c_1^2\xi^3\pi_0^2-28\gamma^2c_1^2\xi^2\pi^2-28\gamma^2c_1^2\xi^2\pi_0^2+8\gamma^2c_1c_2\xi^3\pi^2+\\8\gamma^2c_1c_2\xi^3\pi_0^2+32\gamma^2c_1\xi^3m\pi^4-6\gamma^2c_2^2\xi^3\pi^2-6\gamma^2c_2^2\xi^3\pi_0^2+3\gamma^2c_2^2\xi^2\pi^2+3\gamma^2c_2^2\xi^2\pi_0^2\end{array}}{2\gamma^2c_2^2\xi^4\pi_0^3+\gamma^2c_2^2\xi^3\pi^3-\gamma^2c_2^2\xi^3\pi_0^3+2\gamma^2\xi^4m^2\pi_0^7-8\gamma^2\xi^4\pi^3u^2+8\gamma^2\xi^4\pi_0^3u^2+12\gamma^2\xi^3m^2\pi^7} \tag{5-18}$$

5.5 仿真模拟和实例分析

通过构建社会福利函数利用 Matlab2020b 作为计算工具，对四种不同补贴模式下各主体的最优决策进行仿真模拟，绘制出不同补贴系数下几种补贴方式的社会福利变化，通过比较分析，得到最优的补贴决策。根据孙迪和余玉苗（2018）、刘妍和马慧民（2020）的研究，设参数数值为：$u=9$；$m=0.2$；$\gamma=2$；$\xi=0.5$；$c_1=11$；$c_2=4$；$\pi=0.9$；$\pi_0=0.5$。

5.5.1 调整因子 t 变化对政府决策的影响分析

假定政府收益等于社会福利，数值上等于两个企业的收益与两类消费者的剩余之和，再减去政府的补贴支出。通过构建社会福利函数，利用 Matlab2020b 绘

制出不同补贴系数下几种补贴方式的社会福利变化，通过比较分析，得到最优的补贴决策，如图 5-3a、图 5-3b 所示。

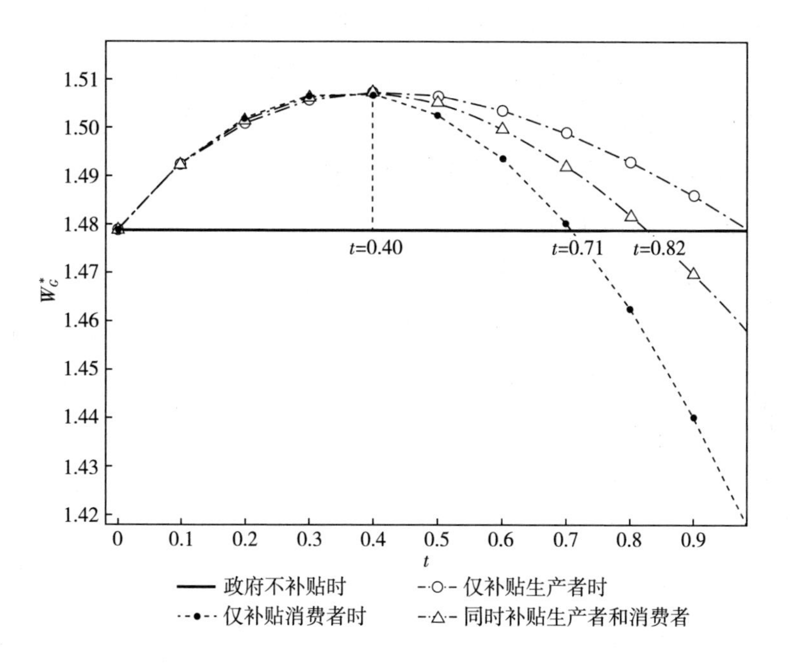

图 5-3a　不同补贴模式下 W_G^* 与 t 的关系总览

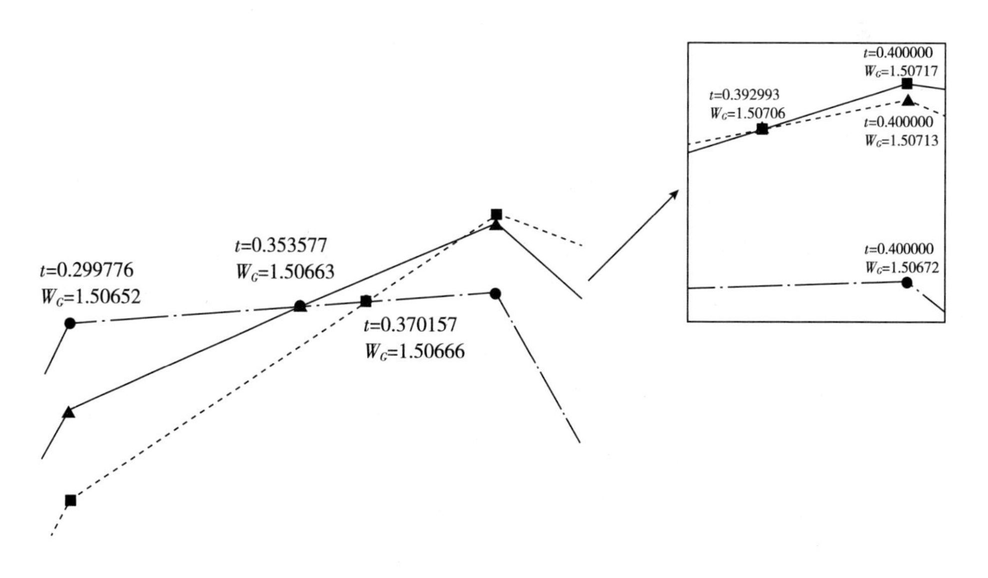

图 5-3b　不同补贴模式下 W_G^* 与 t 的关系细分

结合图 5-3a 和图 5-3b，当 $t \in$ [0, 0.353577] 时，补贴对象的差异对社会总福利影响不大，三种补贴方式下的社会福利差距较小。具体而言，仅补贴购买资源化产品的消费者>同时补贴资源化生产企业和购买其产品的消费者>仅补贴资源化生产企业。当补贴系数调整因子属于该区间时，三种补贴方式下政府补贴决策区别不大，最优补贴政策为：设定调整因子 $t=0.353577$，选择同时补贴资源化生产企业和购买其产品的消费者或者仅补贴购买资源化产品的消费者两种补贴方式，此时社会福利达到最大化。

根据图 5-3b，当 $t \in$ [0.353577, 0.392993] 时，随着补贴系数的提高，三种补贴方式下的社会福利继续随 t 的增加而增加，政府仅补贴购买资源化产品的消费者模式下的社会福利变化幅度非常小，另外两种补贴方式下的变化幅度相对较大；具体福利效果为：同时补贴资源化生产企业和购买其产品的消费者>仅补贴购买资源化产品的消费者>仅补贴资源化生产企业。当 $t=0.370157$ 时，仅补贴购买资源化产品的消费者和仅补贴资源化生产企业两种补贴模式下的社会福利相同；当 $t=0.392993$ 时，仅补贴资源化生产企业与同时补贴资源化生产企业和购买其产品的消费者两种补贴模式下的社会福利相同。当补贴系数调整因子属于该区间时，最优补贴政策为：设定调整因子 $t=0.392993$，选择仅补贴资源化生产企业或者同时补贴资源化生产企业和购买其产品的消费者两种补贴方式，此时社会福利达到最大化。

根据图 5-3b，当 $t \in$ [0.392993, 0.400000] 时，三种补贴方式下的社会福利效果为仅补贴资源化生产企业>同时补贴资源化生产企业和购买其产品的消费者>仅补贴购买资源化产品的消费者。当 $t=0.400000$ 时，三种补贴方式下的社会福利均达到最大，但最大福利值各不相同，其中仅补贴资源化生产企业模式下的社会福利值最大，仅补贴购买资源化产品的消费者模式下的社会福利值最小，同时补贴资源化生产企业和购买其产品的消费者模式居中。当补贴系数调整因子属于该区间时，最优补贴政策为：设定调整因子 $t=0.400000$，选择对资源化生产企业进行补贴，此时社会福利达到最大化。

从图 5-3a 中可以观察到，当 $t \in$ (0.40, 1) 时，三种补贴方式下的社会福利均随 t 的增大而下降，仅补贴购买资源化产品的消费者模式下的社会福利下降

最快，同时补贴资源化生产企业和购买其产品的消费者模式次之，仅补贴资源化生产企业模式最慢。社会福利在该区间内的大小依旧是：仅补贴资源化生产企业>同时补贴资源化生产企业和购买其产品的消费者>仅补贴购买资源化产品的消费者。同时，当 $t=0.71$ 时，仅补贴购买资源化产品的消费者模式下的社会福利降低至政府不采取补贴时的水平，若补贴系数调整因子继续增大，社会福利则将持续降低；当 $t=0.82$ 时，同时补贴资源化生产企业和购买其产品的消费者模式下的社会福利降低至政府不采取补贴时的水平，若补贴系数调整因子继续增大，社会福利则持续降低。对于仅补贴资源化生产企业模式，不论 t 值为多少，社会福利都不会低于政府不采取补贴时的水平。

5.5.2　分配比例 ξ 变化对社会福利的影响分析

根据前文的仿真结果分析得到，当补贴系数调整因子为 $t=0.400000$ 时，三种补贴方式下的社会福利均达到最大值，故取 $t=0.400384$（其他参数不变）分析政府同时对资源化生产企业和购买其产品的消费者同时补贴方式下，ξ 与各主体最优决策的关系变化，进而求得社会福利最大化时的最优分配比例 ξ。仿真结果如图 5-4 所示。

从图 5-4 可以得到：随着补贴金额的分配比例 ξ 不断变化，相关主体的最优决策也随着变化。当 ξ 逐渐变大时：资源化产品的价格逐渐提高，但变化趋势较小，而同类非资源化产品的价格则缓缓下降；消费者对资源化产品的需求与同类非资源化产品反方向变动，变动幅度较大，在 $\xi=0.3141$ 时与同类非资源化产品需求持平；两类生产企业的收益呈反向变动，资源化生产企业随 ξ 的增大而增加，且变动幅度高于同类非资源化生产企业，当 $\xi=0.1485$ 时两者持平；对于社会福利，ξ 与社会福利呈正相关关系，社会福利随 ξ 的增大而增大，在 $\xi=1$ 时达到最大值。当 $\xi=1$ 时，表明补贴金额完全分配给资源化生产企业，不再对购买其产品的消费者进行补贴，即补贴模式转变为仅补贴资源化生产企业。综上，同等条件下，最优的补贴方式为仅补贴资源化生产企业，最优补贴系数调整因子为 $t=0.400000$，此时社会福利达到最大。

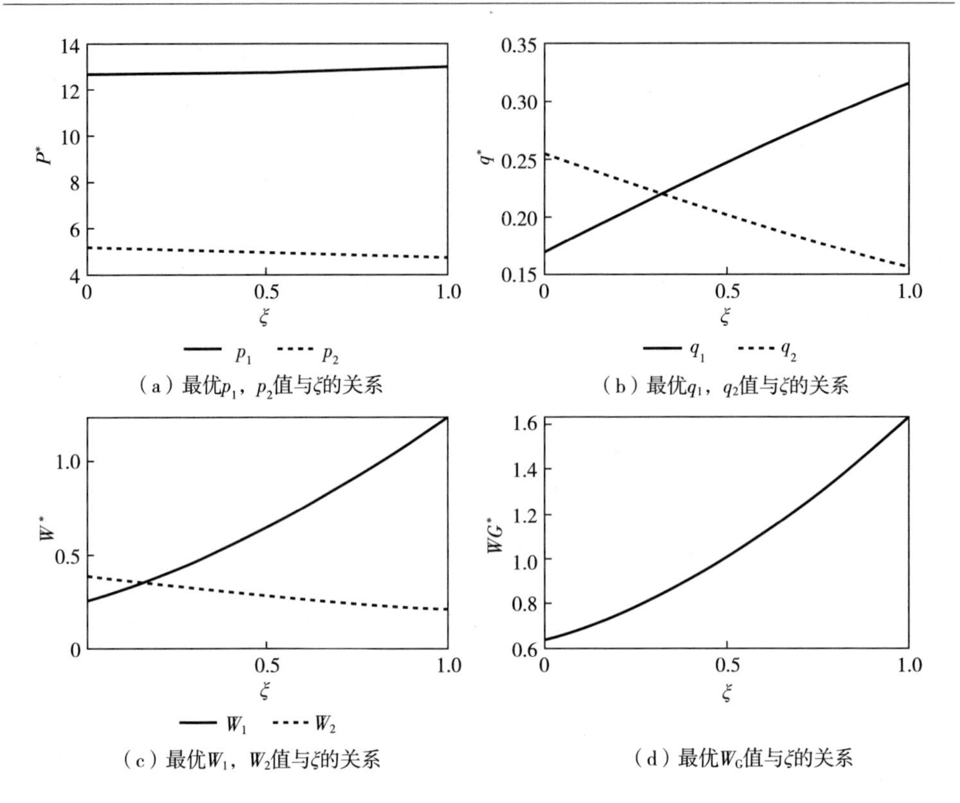

（a）最优p_1，p_2值与ξ的关系

（b）最优q_1，q_2值与ξ的关系

（c）最优W_1，W_2值与ξ的关系

（d）最优W_G值与ξ的关系

图 5-4 ξ 与相关系数的关系

5.5.3 实例分析

根据前面的博弈分析和仿真模拟结果，在最优补贴系数调整因子 t 和最优分配比例 ξ 下（其他参数同前面一致），求得不同补贴模式下各主体的最优决策值。以政府不补贴作为对照组，计算不同补贴模式下各主体的最优决策值的变动幅度，通过数值直观比较补贴政策的效果和差异。

由表 5-3 中的数据看出，社会福利在政府仅补贴资源化生产企业模式下达到最大，相比政府不采取补贴时提高了 1.92%，补贴效果最佳；相比政府仅补贴购买资源化产品的消费者模式提高了 0.03%，差距不大。当政府仅补贴购买资源化产品的消费者时，社会福利提高了 1.89%，政策实施有效，但效果略微弱于政府仅补贴资源化生产企业模式。无论政府采取什么补贴方式，都将会对资源化产品和同类非资源化产品的市场份额进行再分配，具体表现为增加资源化产品的市场

份额，提高了资源化企业收益和购买其产品的消费者剩余；同时降低同类非资源化产品的市场份额，使同类非资源化企业收益和购买其产品的消费者剩余下降。从数据整体性来看，三种补贴方式都增加了社会整体福利，有利于城市生活垃圾资源化发展。

表 5-3 不同模式下各主体的最优决策

<table>
<tr><th colspan="3" rowspan="2">政府不补贴</th><th colspan="2">政府仅补贴资源化生产企业</th><th colspan="2">政府仅补贴购买资源化产品的消费者</th><th colspan="2">政府同时补贴资源化生产企业和购买其产品的消费者</th></tr>
<tr><th>最优值</th><th>变动幅度（%）</th><th>最优值</th><th>变动幅度（%）</th><th>最优值</th><th>变动幅度（%）</th></tr>
<tr><td></td><td>ζ^*</td><td>0</td><td>0</td><td></td><td>0</td><td></td><td>1</td><td></td></tr>
<tr><td></td><td>t^*</td><td>0</td><td>0.400000</td><td></td><td>0.400000</td><td></td><td>0.400000</td><td></td></tr>
<tr><td rowspan="4">消费者方</td><td>U_1^*</td><td>14.3217</td><td>15.2022</td><td>6.15</td><td>15.3422</td><td>7.13</td><td colspan="2" rowspan="12">当 $\zeta^*=1$ 时，政府同时补贴资源化生产企业和购买其产品的消费者模式下，相当于政府仅补贴资源化生产企业</td></tr>
<tr><td>U_2^*</td><td>8.3054</td><td>8.5256</td><td>2.65</td><td>8.5606</td><td>3.07</td></tr>
<tr><td>CS_1^*</td><td>0.6411</td><td>0.9736</td><td>51.86</td><td>1.0294</td><td>60.57</td></tr>
<tr><td>CS_2^*</td><td>0.2911</td><td>0.1899</td><td>-34.76</td><td>0.1758</td><td>-39.61</td></tr>
<tr><td rowspan="6">生产企业方</td><td>p_1^*</td><td>12.6783</td><td>11.7978</td><td>-6.94</td><td>13.8783</td><td>9.46</td></tr>
<tr><td>p_2^*</td><td>5.1946</td><td>4.9744</td><td>-4.24</td><td>4.9394</td><td>-4.91</td></tr>
<tr><td>q_1^*</td><td>0.1685</td><td>0.2419</td><td>43.56</td><td>0.2535</td><td>50.45</td></tr>
<tr><td>q_2^*</td><td>0.2543</td><td>0.2054</td><td>-19.23</td><td>0.1977</td><td>-22.26</td></tr>
<tr><td>W_1^*</td><td>0.2555</td><td>0.6107</td><td>139.02</td><td>0.6886</td><td>169.51</td></tr>
<tr><td>W_2^*</td><td>0.2911</td><td>0.1899</td><td>-34.76</td><td>0.1758</td><td>-39.61</td></tr>
<tr><td rowspan="2">政府</td><td>W_G^*</td><td>1.4788</td><td>1.5072</td><td>1.92</td><td>1.5067</td><td>1.89</td></tr>
<tr><td>S^*</td><td>0</td><td>0.4570</td><td></td><td>0.5629</td><td></td></tr>
</table>

5.6 结论

为解决资源化产品价值不能得到完全反映的问题，本部分基于社会福利最大化理论，根据 Stackerberg 博弈模型，构建了关于政府、生产企业和消费者之间的三阶段博弈模型，得到不同补贴方式下各参与主体的最优决策和社会最大福利，进而利用 Matlab2020b 对政府不同补贴方式进行仿真模拟；通过比较分析，得到政府最优的补贴方式和补贴系数调整因子。通过上述分析，可以得到如下结论：

一是三种补贴模式下产品价格决策调整存在较大差异。

补贴对象和解决问题的侧重点不同，导致三种补贴模式下产品价格决策调整存在较大差异。总体来看，政府仅补贴购买资源化产品的消费者模式下，产品价格决策调整最大；政府同时补贴资源化生产企业和购买其产品的消费者模式次之；政府仅补贴资源化生产企业模式则相对较小。

政府仅补贴资源化生产企业时，两类产品价格同向下降。仅补贴资源化生产企业属于成本补偿，侧重于减轻企业的成本投入过高的压力，解决企业投入产出不匹配的矛盾。该模式下，两类产品的调整幅度最小，且调整方向一致，都选择降价。当政府补贴资金直接作用于资源化企业时，相当于替企业分担了部分成本，实际成本的降低会使产品的定价也降低。当资源化产品价格降低时，缩小了与同类非资源化产品的价格差距，由于其环境效益和社会效益远高于同类非资源化产品；综合作用下会增强消费者的支付意愿，提高对资源化产品的需求。需求的提高幅度远高于产品的降价幅度，从而使资源化企业收益大幅提高，有效解决了企业投入与产出不匹配的矛盾。对于同类非资源化企业，市场较为成熟，只能通过小幅度降价保持市场竞争，以稳定市场份额。

政府仅补贴消费者时，两类产品价格反向变动。政府仅补贴购买资源化产品的消费者属于价格补偿，该模式下，资源化产品和同类非资源化产品的价格调整幅度最大，且调整方向相反。资源化产品选择提价，而同类非资源化产品选择降价，价格差距逐渐扩大。但由于补贴资金直接作用于消费者，消费者购买资源化产品的实际价格降低，刺激了消费者对资源化产品的支付意愿，消费者增加了对资源化产品的需求。资源化产品价格的提高源于其实际价格降低，在无约束的条件下，资源化企业为了追求自身利益最大化，使产品的价值得到完全反应，会在产品需求增大的同时适量提高资源化产品的价格；而非资源化企业为了保持市场竞争，巩固其市场份额，会选择降价，从而导致两类产品的价格差距

扩大。

补贴资源化生产企业和其消费者时两类产品价格差距小幅度增加。当政府同时补贴资源化生产企业和其消费者时，同时顾及了生产环节和消费市场：分配给资源化生产企的补贴资金属于成本补贴，侧重于减轻企业的成本投入过高的压力，解决企业投入产出不匹配的矛盾；分配给购买资源化产品的消费者的补贴资金属于价值补偿，侧重于降低消费者的实际购买价格，增强其支付意愿。该补贴方式的政策效果除受补贴系数调整因子 t 影响外，还与补贴金额的分配比例 ξ 息息相关，当其他条件不变且补贴系数 t 确定时，随着分配比例 ξ 逐渐增大，两类产品的价格差距小幅度扩大。

二是两类企业收益与对应的消费者剩余呈反向变动。

假设市场容量为1，由于市场中只有资源化生产企业和同类非资源化生产企业，两个企业之间存在寡头竞争，三种补贴模式下，两类企业收益和消费者剩余呈反向变动，具体表现为：同类非资源化企业收益和对应的消费者剩余与 t 呈负相关，当 t 逐渐增大时，收益与消费者剩余也随之下降；资源化企业的收益及对应的消费者剩余则与补贴系数调整因子 t 呈正相关，当 t 逐渐增大时，收益与消费者剩余随之上升，且上升幅度远高于同类非资源化企业的下降幅度。当政府对资源化生产企业或购买资源化产品的消费者择一补贴，或者同时对两者补贴时，相当于单方面增加了资源化生产企业和其产品的市场竞争性，以至于抢占了同类非资源化生产企业的部分市场份额。同类非资源化生产企业为了巩固自己的市场份额和保持市场竞争性，会根据资源化生产企业最优决策被迫做出自己的调整，具体表现为对同类非资源化产品进行小幅度降价，随着政府补贴力度增大，产品降价逐步增大，但一直低于资源化产品的变化幅度。同类非资源化生产企业做出的降价反应并不能解决资源化产品市场扩张带来的反作用，相比政府不采取任何补贴的形式下，政府补贴对非资源化生产企业市场份额、产品售价、收益和购买其产品的消费者剩余都产生了不利影响，非资源化生产企业市场规模在一定程度上有所下降。但站在市场整体的角度来看，整个市场的份额和收益由于政府的补贴介入都得到改善和提高，消费者剩余和社会福利也大幅增加。

三是不同补贴模式的最优补贴系数调整因子一致。

三种补贴模式下，当补贴系数调整因子 t 为 0.400000 时，社会福利均达到最大值，最优补贴系数调整因子一致。当 t 小于最优值时，最大社会福利随 t 的增大而增大；当 t 大于最优值时，最大社会福利随 t 的增大而下降。当 t 达到一定值时，最大社会福利可能会低于政府不采取补贴时的社会福利：当 $t=0.71$ 时，仅补贴购买资源化产品的消费者模式下的社会福利降低至政府不采取补贴时的水平，若补贴系数调整因子继续增大，社会福利则持续降低，低于政府不采取补贴时的水平；当 $t=0.82$ 时，同时补贴资源化生产企业和购买其产品的消费者模式下的社会福利降低至政府不采取补贴时的水平，若补贴系数调整因子继续增大，社会福利则持续降低，低于政府不采取补贴时的水平；对于仅补贴资源化生产企业模式，不论 t 值为多少，社会福利都不会低于政府不采取补贴时的水平。

四是仅补贴资源化生产企业模式可以实现社会福利最大化。

同等条件下，若政府根据资源化产品的“三化”程度选择仅对资源化生产企业进行补贴，当补贴系数调整因子为 0.400384 时，社会整体福利相比于不采取补贴时提高了 1.92%，相比仅补贴购买资源化产品的消费者模式下最大社会福利提高了 0.03%，此时社会福利达到最大值，故该补贴模式是政府最佳补贴方式，0.400384 是政府补贴系数调整因子的最优决策。当政府以 $t=0.400384$ 对资源化企业进行补贴时，企业主动降低了产品价格，降价幅度达到了 6.94%，补贴金额在一定程度上既减轻了企业的成本压力，也使产品的价值得到了补偿，价格的下降刺激了消费者的支付意愿，使资源化产品的需求大幅提高，资源化生产企业收益相对于政府不补贴时提高 139.02%，消费者剩余提高了 51.86%，有效解决了企业投入产出不匹配的矛盾，补贴资金的使用效率较高。从整体出发，该补贴方式对资源化产品和同类非资源化产品的市场份额进行了再分配，同类非资源化生产企业收益和对应的消费者剩余都产生了一定程度下降，但下降的幅度都低于资源化生产企业的收益和对应的消费者剩余提高的幅度，科学有效地提高了整个市场的社会福利。

第6章　城市生活垃圾分类与资源化利用协同治理机制研究

“分类投放、分类收集、分类运输、分类处理”的城市生活垃圾处理四分系统中，前端分类投放是短板，后端分类处理是瓶颈，前端与后端相互制约、相互促进，任何单一解决前端垃圾分类或后端垃圾处理的政策、制度和方法，都不能从根本上破解垃圾治理难题，必须将垃圾分类与资源化利用有机结合、协同推进治理。由此，探寻协同治理动力因素，建立协同治理动力机制，对于统筹推进垃圾污染防治工作具有重要意义。

本部分以北京市生活垃圾为研究对象，运用系统动力学研究方法，以2010~2030年为整个模拟区间，其中，2010~2019年为模拟期，根据此阶段的历史数据对模型进行不断调试和优化；2020~2030年为预测期，构建北京市生活垃圾分类和资源化利用协同治理系统动力学模型。首先探寻垃圾分类与资源化利用协同治理系统的动力因素；其次确定子系统方程绘制系统流图，并结合历史数据对模型进行调试和有效性检验；最后利用Vensim软件进行政策仿真模拟，定量分析环境承载能力和废弃物管理法律系统动力因素对系统运行的驱动效果，为提高城市垃圾协同治理水平提供参考依据。

6.1　理论基础和研究现状

本部分从协同治理理论和系统动力学等理论出发，分析城市生活垃圾分类与资源化利用协同治理的理论基础，并梳理相关研究现状，为后续构建系统动力学模型奠定理论基础；不仅有助于丰富城市生活垃圾协同治理的研究体系，而且为进一步深入研究提供了新的视角和思路。

6.1.1　理论基础

6.1.1.1　协同治理理论

近年来，随着社会经济的发展，公共问题日益增多和复杂化，传统的政府主导型公共管理模式已经难以有效应对。公众对公共服务的需求也在不断升级，政府单一的供给模式日益不足。在此背景下，协同治理理论应运而生，为应对日趋复杂的公共问题提供了新的思路和方法。

协同治理理论的核心在于强调不同利益相关方的广泛参与和协调合作。它不再局限于单一的政府主导模式，而是要求政府、企业、社会组织、公众等多元主体的共同参与和互动。这种“全社会共治”的格局，有利于更好地回应各方利益诉求。同时，协同治理要求通过沟通协商、利益平衡等方式，达成共识，实现合作，这需要各方主体具有较强的协调能力。

协同治理理论还注重整合各方的资金、信息、技术等资源要素，发挥各自优势，协同推进公共事务，这有助于提高公共服务的效率和质量。与传统的刚性管理模式不同，协同治理采用柔性、开放的管理机制，能够根据环境变化进行动态调整，增强应对复杂问题的能力。同时，协同治理更注重公共管理过程中各方的互动、协调、学习等环节，强调过程中的参与性和协作性。

协同治理理论已在城市管理、环境保护、社会服务等诸多领域得到广泛应用。例如，在城市治理中，政府与企业、社区等共同参与，通过合作开发、共同

投资等方式，共同推进城市建设和公共服务供给；在环境保护领域，各方主体通过利益协调、资源共享，共同制定和实施环保政策，有效应对气候变化等问题。总的来说，协同治理理论为公共管理模式转型提供了新思路，对于推动可持续发展具有重要意义，但在实践中也面临着利益博弈、信息不对称、制度设计等诸多挑战，需要不断完善和优化。

6.1.1.2　系统动力学理论

系统动力学（System Dynamics，SD）的核心在于对系统内部物质流和能量流的反馈机制研究。相较于其他学科而言，系统动力学的独特之处在于可将定性分析和定量分析相结合，在定性分析的基础上，加之准确的定量分析，两者互为补充解决系统问题，并通过计算机模拟仿真软件实现。

系统动力学主要包括以下概念：系统、反馈、反馈回路、状态变量、速率变量、反馈、流图、状态方程、速率方程、表函数等。系统是指各个不同的子部分相互联系、相互作用，有机结合在一起，为实现统一目标而完成某种功能的集合体。反馈是指系统内部的输出和系统外部环境的输入之间的相互关系。反馈这一过程可以经由子模块之间直接联系，也可经由媒介实现联系。由反馈关系组成的闭合回路称为反馈回路，包括正反馈回路和负反馈回路两类。正反馈回路是指能使自身运动加强，运动在此过程中通过回授，使原来的趋势进一步加强；负反馈回路是一种相反的过程，指自身的运动被削弱的过程。状态变量是指在系统中起到累积作用的变量。相应的表征状态变量的方程即状态方程。速率变量用来表征积分变量变化的快慢。在系统动力学中还有一类函数——表函数，当变量之间存在某种关系或联系，但非线性关系，这种情况下选择使用表函数来表示变量之间的函数关系。

系统动力学模型有其独特的优势：一是模型中能容纳大量的变量，通过将变量纳入到系统中，凭借系统的整体运行研究各个因素之间的相互促进和约束作用。二是系统动力学是实际系统的实验室。系统动力学可以借助计算机进行高阶运算，能够解决包括非线性函数关系的系统问题，例如社会经济系统问题。三是系统动力学可以对不同政策方案进行仿真分析，可以有效解决传统方法在时间延迟方面的缺陷，是提供选择最佳或次优系统解决方案的强大工具。其建模的主要步骤包括：首先是对研究系统进行界定，其次是进行系统分析，再次是对系统结构进行分析，划分子模块，确定内部的反馈机制，复次是建立数学模型，结合历史数据和有关政策规划对模型进行调试，使模型通过有效性检验，最后借助模型进行模拟仿真分析（李妍，2015）。

6.1.1.3　循环经济理论

循环经济最早是由美国经济学家波尔丁提出的，其雏形是宇宙飞船经济理论。波尔丁认为：地球仅是茫茫宇宙中的一艘飞船，船内的资源是有限的，随着人口的增加和经济的发展，总有一天现有资源将消耗殆尽。与此同时，人类生产活动产生的废料对飞船造成污染，飞船内乘客受到影响，飞船系统最终崩溃。为避免这种情况的发生，将原来的消耗型经济发展模式转变为生态型经济发展模式，以资源节约和循环利用为研究目标，探索经济和环境实现和谐发展的模式，这就是循环经济的雏形。

关于循环经济的定义，李兆前（2004）对国内几种具有代表性的观点从人与自然、生产技术和新经济形态三个角度对循环经济的概念进行了概括："从人与自然角度来讲，循环经济主张人类生产活动要遵循自然规律，维持生态平衡，鼓励人类尽可能地少用并且多次重复利用现有自然资源；从生产技术角度来讲，循环经济是经过变革的生产方式，将原来的资源消耗—产品—废弃物排放的单程物质能量流动转变为资源消耗—产品—再生资源的闭环物质能量流动，不仅可以实现清洁生产，而且能提高资源利用率；从新经济形态角度来看，循环经济实现了全体人类利益最大化，其本质特征是对人的生态关系的调整"。

循环经济遵循的原则可从宏观和微观两个层面来讲：

从宏观角度看，循环经济应遵循以下五个原则：第一，经济成本原则。从成本角度来讲，发展循环经济要从提高经济效率入手，提高自然资源利用率，达到使用最少自然资源实现最大经济收益的目标。通过调整重组、合理布局、产业集聚以及产业互动等途径，实现合作分工，提高自然资源使用效率。第二，生态效率原则。该原则包括两个方面，首先在经济投入不断增加甚至减少的情况下，实现经济增长；其次在经济产出不变甚至增加的条件下，向环境排放的废弃物明显减少。第三，环境友好原则。人类在进行生产活动时，要以预防为前提，而不是先污染后治理。第四，保护地球原则。包括低碳化和低能量化两层含义，在经济

活动中减少对化石能源这种不可再生资源的使用，增加对新能源和可再生资源的开发使用，减少温室气体排放，保护地球生态环境。第五，技术跨越原则。该原则是指以信息化为基础，加快循环经济的发展进程（谭根林，2006）。

从微观角度看，循环经济应遵循减量化、再利用、再循环三原则。减量化原则是指减少进入生产消费环节中的自然资源。这就要求在生产环节，通过研发使用新的工艺技术来提高资源使用效率，以此来减少废弃物的排放；在消费环节，消费者应该减少对物品的过度需求，例如选择可多次使用的物品。再利用原则要求消费者提高对已购买物品的重复利用率，以免过早地丢弃增加垃圾产量。再循环要求人们尽可能地实现物品的资源化，以减少垃圾的产生。资源化包括初级资源化和次级资源化。初级资源化是指将丢弃的废弃物资源化后形成与原来相同的新产品；次级资源化是指将丢弃的废弃物经过二次加工变成全新产品。

6.1.2　研究现状

6.1.2.1　协同治理有关研究

协同治理理论起源于物理学家赫尔曼·哈肯（德国）在20世纪70年代创立的协同学理论。而后哈佛大学学者Donahue（2004）在其发表的文章中最早提出协同治理这一理念，指出协同治理是为追求官方指定的公共目标，向政府以外的主体分配或共享自由裁量权，并最终实现合作共赢的过程。此后学者对协同治理理论进行了不断的丰富和探讨。

Imperial（2005）将协同治理定义为政府、社会和公众三方主体为实现共同目标而相互协调、最终达到统一步调的过程。Zadek（2006）描述协同治理是公共部门和私人部门共同解决问题的一种方式，通过制定相关准则和标准来应对共同挑战。Cooper等（2006）指出，协同治理主要是指政府和公众通过交换双方建设性意见，最终就有关问题达成共识。Ansell和Gash（2007）阐述了协同治理的过程：公共部门与社会、公众就相关利益进行对话和协商，并在此基础上制定政策法规，处理公共事务。Donahue和Richard（2008）提出协同治理是一种治理模式，其中政府与第三方共享政务决策权，从而实现既定目标。Chi（2008）强调协同治理是多方主体参与、开展合作，为达共同目标各方均作出一定程度妥协的过程。Calanni 等（2010）将协同治理描述为一种解决问题的策略，社会各方代表围绕需要集中解决的问题，通过集体协商和商讨，最终达成有效的长远解决方案。Morse 和 Stephens 等（2012）则把协同治理视为一个复合性概念，其中涵盖政府协作、公众参与和区域合作等概念。

国内学者对协同治理理论的研究同样包括丰富的内容：

俞可平（2001）提出协同治理是指国家和社会对社会政治事务的共同治理。杨志军（2010）指出协同治理以提高管理社会事务效率，尽可能地维护公众利益为特征。朱纪华（2010）认为协同治理是在治理社会公共事务过程中，政府、非政府部门、社会和居民共同参与，发挥各自优势，互相取长补短，最终构建高效合作治理网络的过程。杨清华（2011）描述协同治理为政府部门和私人部门在政策法规、市场等因素作用下，通过相互配合、制约、合作，实现高效治理，最终起到维护公众利益的作用。张天勇和韩璞庚（2014）将协同治理定义为从层级管理制度向平面管理制度转变的过程。张瑞瑞（2014）强调协同治理是实现治理目标的动态过程，该动态过程是指在不同主题对象相互配合的基础上协调合作，达到目标最优化。王树文和韩鑫红（2015）探讨了协同治理作为整合资源、整合主题、整合目标的过程，重点对协同治理的整合机制问题进行了研究。王伟和张海洋（2016）提出协同治理吸收哲学论中的唯物辩证法等理论，通过指导多元主体进行合作以解决公共领域治理难题的新理论。王玉海和宋逸群（2017）解释区域协同治理是以政府为主导，通过资源共享、多方参与，以维护公共利益为目标的合作模式。蓝剑平（2018）则将协同治理视为一种治理体制的创新，强调政府部门、社会、市场和居民等多元主体共同承担社会治理责任，增进社会公众利益。

综上所述，国内外学者对协同治理的研究成果理论丰富，内容主要可以概括为以下三点：

第一，协同治理意味着参与主体多元化。在复杂社会事务治理过程中，由于政府的人力、物力、财力等资源是有限的，无法提供社会所需的一切公共服务。面对多样的公众需求，多元化主体的参与介入，与政府一元主体治理进行优势互补。因此，公众、社会组织在一定的条件下也成为治理主体，治理主体呈现多元化。

第二，协同治理是多元化主体认可的制度安排。协同治理反映的是集体行

动，集体行动的实现则建立在行动规则的制定和遵从的基础之上。在一定程度上，协同治理是多元治理主体共同认可的行动规则的制度安排。制度安排决定治理效果的优劣。各主体之间的竞争合作则是行动规则形成的关键。

第三，协同治理是以政府为核心的合作共治。政府在协同治理中处于核心地位，但这并不意味着政府只是简单地发号施令，而是与其他共治主体通过合作沟通、优势互补，共同解决社会治理难题。

6.1.2.2　协同治理动力机制有关研究

国内外学者对协同治理动力机制进行了研究。国外方面，Shen（2024）提出了一个基于社会网络的协同治理框架，为城市更新项目的成功实施提供理论支撑。Sundqvist-Andberg 和 Åkerman（2022）分析了协同治理在推动可持续性转型中的作用机制，探讨了其如何帮助相关方应对不确定性。Emerson 等（2012）通过系统文献综述，梳理了协同治理的核心概念、参与主体和影响因素等关键要素，提出了一个较为完整的协同治理理论框架。我国学者对于协同治理动力机制研究的成果并不多，其中代表性观点主要有：李金龙和武俊伟（2017）构建了京津冀政府间协同治理动力机制，并分析了其中存在的问题，并在此基础上提出完善路径。杨华锋（2014）从来源、形态和演化三个方面入手，研究了公私部门实现协同治理的运行机制问题。聂法良（2014）通过探索城市森林多主体协同运营体系的内涵与外延，分析影响协同能否发生以及发生何种协同性关系，以使城市森林的运营要素实现协同。王艳丽（2012）认为利益的驱动作用、政令的推动效用和社会的心理认同作用是影响城市社区之间进行协同治理的动力因素。顾昱（2010）提出关于电子政务的政府协同治理模式的动力框架。

6.1.2.3　生活垃圾协同治理动力机制有关研究

在已有研究成果中有关城市生活垃圾协同治理动力机制的研究更为稀少：吕维霞和杜娟（2016）分析了日本在垃圾分类协同治理方面的成功经验：在宣传垃圾分类的基础上，构建垃圾管理法律，以法律条文明确各主体责任，对社会多方主体形成有效的激励和监督机制。王树文等（2014）分析了在城市生活垃圾管理的收集、转运及处理完整产业链中公众与政府如何进行互动的问题。

通过对有关城市生活垃圾协同治理、生活垃圾分类、资源化利用、协同治理动力机制的已有研究成果进行梳理概括，发现虽然学术界形成了丰富的研究成果，但是这些研究大多是纯技术理论的实践研究，因此本书认为有关城市生活垃圾协同治理还存在以下不足亟须完善：一是有关城市生活垃圾协同治理的动力机制研究十分贫乏；二是对于维系协同治理过程可持续发展因素的研究还是一片空白。协同治理能否顺利实现可持续运转，动力机制问题是首要解决的问题。因此有关城市生活垃圾协同治理的动力机制来源、组成及运行的问题是其他问题的基础，该问题解决之后另外两个问题便会迎刃而解。因此本部分致力于解决城市生活垃圾协同治理动力机制问题，一方面弥补现有研究内容的不足，丰富城市生活垃圾协同治理的研究体系；另一方面为城市生活垃圾协同治理更深入的研究提供理论支持。

6.2 城市生活垃圾协同治理现状分析

为进一步了解我国目前城市生活垃圾分类、资源化利用的实际情况，本部分将对资源化利用、垃圾协同治理现状等方面进行详细阐述，以实际情况为指导，分析目前关于城市生活垃圾协同治理存在的问题，为后续研究奠定基础。

6.2.1 城市生活垃圾资源化利用现状

6.2.1.1 城市生活垃圾回收利用方式

城市生活垃圾回收利用方式主要包括三种：一是回收后直接利用，例如二手衣物和啤酒瓶的回收再利用；二是维持材料的基本性能不变的回收再利用，例如废纸再生、废旧金属回收等；三是不再维持原材料基本性能的回收再利用，例如餐厨垃圾通过回收发酵进行堆肥再利用。2023 年，中国物资再生协会发布了《中国再生资源回收行业发展报告（三十周年特别版）》。报告显示，截至 2022 年底我国再生资源回收企业约有 9 万多家，从业人员约 1300 万人。2022 年，十大主要品种再生资源回收总量约 3.71 亿吨，回收总额约 1.31 万亿元。全国大

部分地区已建立起回收网络，集回收、分拣、集散于一体的再生资源回收体系逐渐完善。

6.2.1.2　生活垃圾收集转运

我国垃圾转运和末端处理存在很大问题：环卫公司大多通过混合收集的方式，将居民生活垃圾转运至小型垃圾中转站，经过简单分类之后，再转运至相应的垃圾填埋厂、焚烧厂等处理厂。在此过程中，一方面，在环卫公司进行转运之前，部分环卫工人、拾荒者已经完成对具有售卖价值的可回收物的分拣；另一方面生活垃圾在小型垃圾中转站要进行二次分类，增加了环卫公司和环保部门处理生活垃圾的成本，造成了人力、物力的双重浪费。

6.2.1.3　生活垃圾无害化处理

根据《中国城市建设统计年鉴》数据，截至 2022 年底，全国焚烧发电垃圾处理量为 19502.1 万吨，处理比例达 79.8%，建成并投入运行的生活垃圾焚烧发电厂 648 座，总处理能力为 80.5 万吨/日。全国垃圾填埋为 3043.2 万吨，处理比例达 12.4%，生活垃圾卫生填埋无害化处理厂有 444 座，总处理能力为 24.5 万吨/日，如表 6-1 所示。

表 6-1　2015~2022 年全国城市生活垃圾处理有关数据

指标＼年份	2015	2016	2017	2018	2019	2020	2021	2022
清运量（万吨）	19142	20362	21521	22801.8	24206.2	23511.7	24869.2	24444.7
焚烧处理量（万吨）	6175.5	7378.4	8463.3	10184.9	12174.2	14607.6	18019.7	19502.1
填埋处理量（万吨）	11483.1	11866.4	12037.6	11706	10948	7771.5	5208.5	3043.2
焚烧厂（座）	220	249	286	331	389	463	583	648
填埋场（座）	640	657	654	663	652	644	542	444
填埋处理能力（万吨/日）	34.4	35	36.1	37.3	36.7	33.8	26.2	24.5
焚烧处理能力（万吨/日）	21.9	25.6	29.8	36.5	45.6	56.8	72	80.5

资料来源：国家统计局官方网站。

由上述数据可见：城市生活垃圾焚烧发电处理比例相对较低，一半以上的城市生活垃圾都是通过填埋方式进行处理的。但是填埋处理方式会导致垃圾渗透液污染地下水，同时面临着重金属污染的风险，这些都会对未来城市生态环境造成威胁。《“十四五”城镇生活垃圾分类和处理设施发展规划》提出：到2025年底，全国城市生活垃圾资源化利用率达到60%左右，全国城镇生活垃圾焚烧处理能力达到80万吨/日左右，城市生活垃圾焚烧处理能力占比65%左右，基本满足地级及以上城市生活垃圾分类收集、分类转运、分类处理需求，并鼓励有条件的县城推进生活垃圾分类和处理设施建设。

6.2.2 城市生活垃圾协同治理现状分析

随着城市化进程的加快，城市垃圾问题成为亟待解决的公共难题。传统的单一政府主导的垃圾治理模式已明显显露出局限性，城市垃圾协同治理应运而生，成为破解垃圾难题的新思路。当前，城市垃圾协同治理已初具雏形，呈现一些积极变化，但仍存在诸多亟待完善的方面。

近年来，一些城市在垃圾治理中开始尝试引入协同机制。例如，上海推行“网格化管理”模式，将全市划分为若干网格，由政府、企业和社区共同参与，责任明确，资源共享，实现了部门联动和社会共治。再如，厦门建立起由政府主导、多方参与的“厦门模式”垃圾分类体系，发挥了政府引导、企业支撑、社区协作的协同效应。这些探索充分发挥了政府、市场和公众等多方主体的积极作用，体现了垃圾治理的系统性和全面性。政府部门发挥监管、政策引导作用，企业提供技术支持和创新服务，社区和公众则参与到分类投放、宣传教育等实践中，形成了良性互动。这种协同治理模式不仅提升了垃圾处理效率，也增强了公众的参与感和责任感。尽管在一些城市已初见成效，但总体来看，城市垃圾协同治理仍处于起步阶段，存在不少亟待解决的问题：政府主导作用有待加强，企业参与动力不足，公众参与水平偏低，跨部门、跨领域协调机制不健全，基础设施建设有待进一步完善。

针对上述问题，进一步推进城市垃圾协同治理需要从三个方面着手：一是强化政府引领作用，健全法规政策，加大基础设施投入；二是激发企业参与动力，完善激励机制，提升技术水平；三是增强公众参与意识，加强宣传教育，提高分类投放质量。只有各方主体齐心协力，形成政府引领、企业参与、公众互动的良性格局，城市垃圾协同治理才能真正取得实效，为建设美丽宜居城市贡献力量。

6.3　垃圾处理与资源化利用协同治理系统动力学模型构建

本部分欲通过构建城市生活垃圾分类和资源化利用协同治理系统模型，对系统内部的动力机制问题进行研究。首先根据国内外垃圾分类与资源化利用成功经验、循环经济理论，提出环境压力和废弃物管理法律因素对城市生活垃圾协同治理系统具有影响作用。其次结合我国城市生活垃圾处理流程，构建城市生活垃圾分类和资源化利用协同治理系统模型。该系统模型包含人口、宏观经济、垃圾产生、垃圾焚烧、垃圾填埋、垃圾回收再利用六个子系统；通过有效性检验之后，模拟仿真两种不同的方案最后对仿真结果进行总结分析。

6.3.1　动力因素分析

城市生活垃圾的协同治理是一个复杂的系统工程，涉及多方主体、多种要素的相互作用和反馈。要全面把握城市生活垃圾协同治理的动力机制，需要深入分析影响该系统运行的关键因素。基于前期对协同治理理论和城市生活垃圾管理现状的梳理，本部分将重点探讨环境压力和废弃物管理法律这两个关键动力因素，并将其纳入城市生活垃圾分类和资源化利用协同治理系统模型中，以期更好地揭示系统内部的动力机制。

6.3.1.1　环境压力动力因素

生态环境承受阈值是指在能够维持生态环境可持续发展的前提下，生态环境能够容纳人类生产生活能力的最大值。就目前经济与生态环境发展状况来看，自然生态环境对废弃物的吸纳能力已经达到饱和，在某些严重地区甚至已经严重超载。

而城市生活垃圾产量和处理能力是影响城市生态环境承载力的重要指标。生态环境承载力达到阈值，也就意味着在现有的城市生活垃圾处理能力下，垃圾产生量已严重超出自然环境的承载力；减少生活垃圾的产生量，提高生活垃圾的回收利用率迫在眉睫。因此本部分假设环境压力对垃圾分类与资源化利用协同治理具有驱动作用。

6.3.1.2　*废弃物管理法律动力因素*

法律的保障作用主要体现在其强制力方面。法律的规范目标是明确的，措施是有针对性的。在法律保障方面，德国、日本和韩国都有丰富的实践经验。德国的《废弃物处理法》（1972 年发布，1986 年修改为《废弃物限制及废弃物处理法》）对废弃物的回收、循环再利用的具体方式以法律条文的形式做出规定。因此早在 1995 年，德国的塑料、纸制品等物品的回收率就已经达到 80%。日本在垃圾回收和资源化利用方面相继出台《循环型社会促进基本法》《固体废弃物管理和公共清洁法》《食品再利用法》等法律，对废弃物再利用进行鼓励，对不遵守法律规定者依法进行制裁。在韩国，通过实施废弃物再利用责任制度，生产者对产品的回收利用承担相应责任，大大提高了固体废弃物的回收利用率。因此本部分假设法律可以通过强制性作用对公众进行约束和规范，从而推进城市生活垃圾分类与资源化利用的协同治理。

从日本、德国和韩国等国家的成功实践经验可以看出，通过法律对政府、社会和居民各自需要承担的责任进行确认，以法律的强制性作用对各个主体的责任行为进行规范，通过这种强制性作用，可以有效地促进垃圾分类与资源化利用协同治理进程。例如德国的《包装废弃物处理法》就规定未达到包装废弃物标准的产品不可进入市场。

6.3.2　理论模型构建

系统动力学建模的主要步骤包括：首先对研究系统进行界定；其次进行系统分析；再次对系统结构进行分析，划分子模块，确定内部的反馈机制；复次建立数学模型，结合历史数据和有关政策规划对模型进行调试，使模型通过有效性检验；最后借助模型进行模拟仿真分析。

每一步的具体内容如下：

1）系统分析。首先明确所要解决的问题；其次分析系统中的主、次要问题，

变量、主要变量；最后划定系统界限，确定变量类型。

2）系统结构分析。包括：分析系统内部的反馈机制；划分系统的层次，确定子系统之间的关系；分析变量之间的关系，定义变量类型。

3）建立规范的数学方程。包括：建立积分方程、速率方程、表函数等；确定有关参数和初始值。

4）模型有效性检验。包括：功能检验伴随在整个建模过程中；进行统计学检验，不断对模型进行调试。

5）政策模拟仿真。包括：以系统动力学理论为基础进行政策模拟，准入剖析问题；寻找解决问题的决策，获取更丰富信息。

上述主要流程如图 6-1 所示：

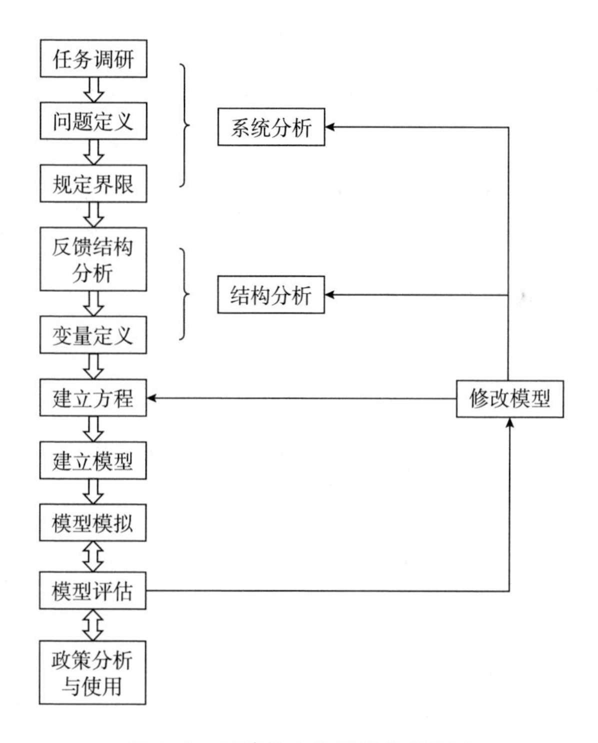

图 6-1　系统动力学模型构建流程

6.3.3　系统结构分析

系统是由不同部分相互作用、相互依赖结合而成的，各个部分不是独立发挥作用，而是结合形成具有特定功能的有机整体。为实现城市生活垃圾分类与资源化利用的协同治理，本部分在上述研究分析的基础上，以环境压力和废弃物管理法律因素，结合城市生活垃圾的处理流程，构建城市生活垃圾分类和资源化利用协同治理系统模型。

6.3.3.1　人口子系统

模型采用人口指标对环境压力进行表征。模型中使用的人口统计数据来源于《北京市统计年鉴》，人口统计口径是在北京市居住超过半年以上的人口数，其中包括户籍人口和非户籍人口。通常采用人口增长率来对人口增长变化情况进行表征。人口增长率包括人口自然增长率和人口机械增长率，但又不是两者的简单相加。人口机械增长率是指人口增减的绝对数量与同期该年平均总人口数之比；人口自然增长率是指在一年内出生人数减死亡人数与该时期内平均人数之比。此外，人口自然增长率用人口出生率与死亡率之差表示。因此，人口自然增长水平取决于出生率和死亡率两者之间的相对水平。

根据 2010~2019 年北京统计年鉴计算，北京市户籍人口自然增长率平均值为 3.73‰，户籍人口机械增长率平均值为 5.4‰，非户籍人口增长率的平均值为-0.67‰。2015 年以前，北京市的户籍人口自然增长率均值处在 5‰的水平，由于 2015 年底全面实施一对夫妇可生育两个孩子政策，2016 年户籍人口自然增长率达到 8.5‰。因此，模型采用人口政策影响因子来调试户籍人口自然增长率，表示为以时间为自变量的表函数关系。人口政策影响因子的表函数曲线如图 6-2 所示。

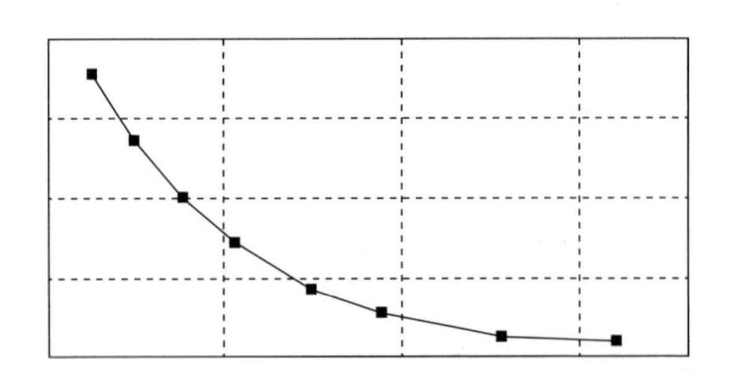

图 6-2　人口政策影响因子的表函数曲线

2016 年以前，北京市的户籍人口机械增长率均值在 7.7‰。《北京城市总体规划（2016—2035 年）》提出：严格控制北京城市规模，疏解北京非首都功能，推进京津冀协同发展。到 2020 年，北京市常住人口规模控制在 2300 万人以内，2020 年以后长期稳定在这一水平。受规划影响，2016 年北京户籍机械增长率降为 4.4‰，2017 年进一步下降为 3‰的水平，相比规划出台之前，下降比例十分明显。因此，模型采用人口规模控制政策影响因子来调试户籍人口机械增长率，表示以时间为自变量的表函数关系。人口规模控制政策影响因子的表函数曲线如图 6-3 所示。

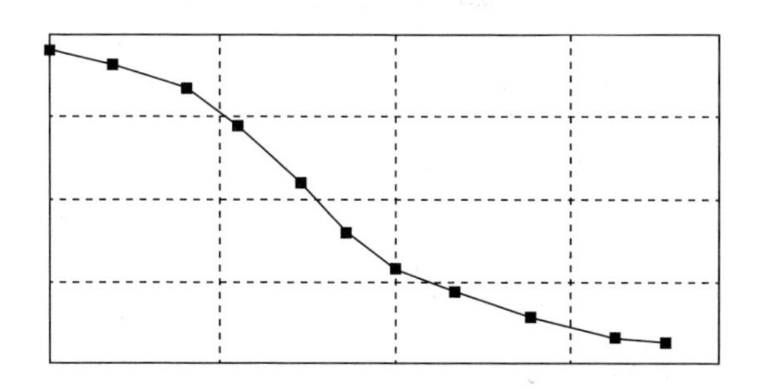

图 6-3　人口规模控制政策影响因子的表函数曲线

非户籍人口主要受经济发展程度和居民幸福感影响，经济发展水平越高，社会创造的就业机会越多，吸引更多的外来人口进入。模型中用 GDP 影响因子表示 GDP 增长率对非户籍人口增长率的影响，GDP 影响因子和 GDP 增长率的非线性关系通过构造表函数表示。GDP 影响因子的表函数曲线如图 6-4 所示。

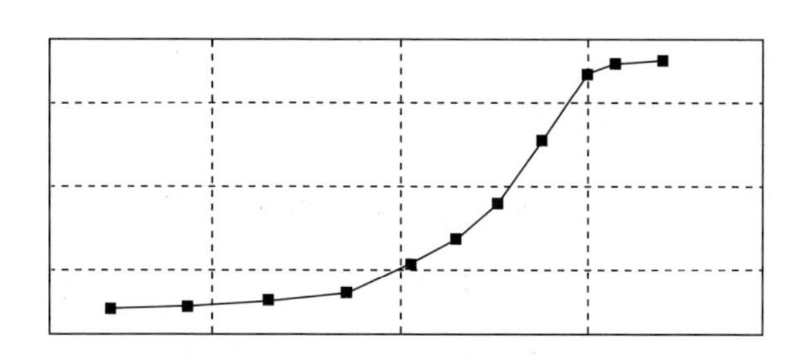

图 6-4　GDP 影响因子的表函数曲线

另外，经济越发达的地区，相应的房价、物价也越高。房价、物价、子女教育等民生问题对非户籍人口的增长是负反馈关系，模型中用民生影响因子表示民生问题对非户籍人口增长率的影响。民生影响因子的表函数曲线如图 6-5 所示。

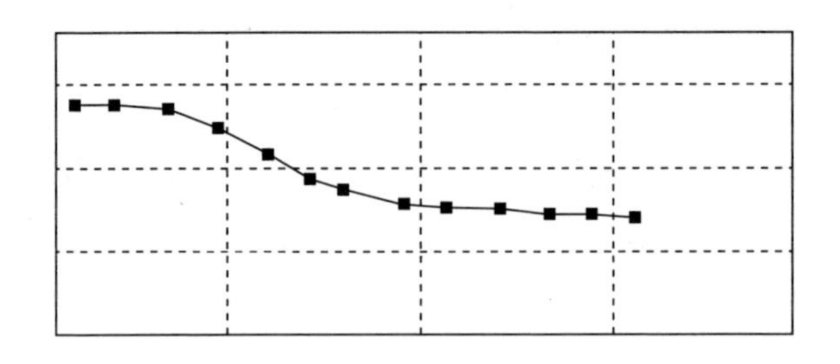

图 6-5　民生影响因子的表函数曲线

6.3.3.2　*宏观经济子系统*

模型选取地区生产总值作为衡量地区经济发展的指标。一方面说明经济的发展对垃圾产量的影响，进一步说明经济发展对环境造成的压力；另一方面说明经济发展对环保投资的影响。在模型中，GDP 是一个状态变量，GDP 增长量为速率变量。根据历史数据显示，2010~2013 年，北京市的 GDP 增长率都在 10%以上，近年来出现下降的趋势。模型中采用 GDP 调控因子表示 GDP 增长率随时间变化的情况，该因子假设为以时间为自变量的表函数关系。GDP 调控因子的表函数曲线如图 6-6 所示。

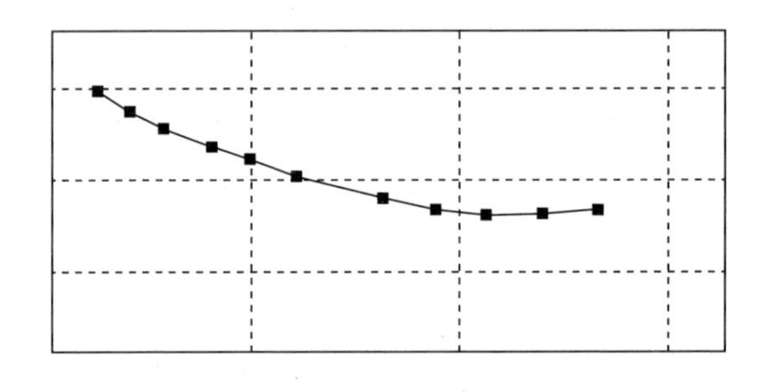

图 6-6　GDP 调控因子的表函数曲线

GDP 的大小对居民消费水平有直接影响，通过分析历史数据发现，GDP 和居民消费水平有着稳定的线性函数关系，通过回归分析得到 GDP 和居民消费水平之间的函数关系式为居民消费水平 = GDP×1.8+2721.5。

6.3.3.3　垃圾产生子系统

在垃圾产生子系统中，垃圾产生总量为状态变量，垃圾年产生量为速率变量，其他变量为辅助变量。本部分取垃圾产生量等于人口总量和人均垃圾产生量的乘积。人均垃圾的产生量受居民消费水平影响：居民消费水平越高，购买力越高，随之产生的生活垃圾越多，模型用居民消费水平影响因子表示居民消费水平对人均垃圾产生量的影响，该因子表示为以居民消费水平为自变量的表函数关系。此外，北京市自 1999 年起开始征收垃圾清运费和处理费，居民生活垃圾收费标准（含清运费和处理费）是每户每年 66 元；在模型中，假设按户均 3 口人计算，则每人每年收费 22 元。对垃圾收费影响因子和居民消费水平影响因子的研究由于缺乏相关的实地调研和统计数据，本模型主要通过参照已有文献的研究成果，通过不断调试，进行参数赋值。

Wertz（1976）通过对实行垃圾收费政策的旧金山和其他不实行收费政策的其他城市垃圾产生量进行对比，得出结论：垃圾处理收费额每提高 1%，垃圾产量降低 0.15%。Miranda（1994）研究证明实施垃圾收费相比没有实施垃圾收费政策，人均垃圾产生量减少 10%～30%等。通过这些研究成果，结合已有数据不断进行调试，本模型最终确定垃圾收费影响因子为 0.77，以此为基础对模型调试，最终确定居民消费水平影响因子表函数曲线如图 6-7 所示。

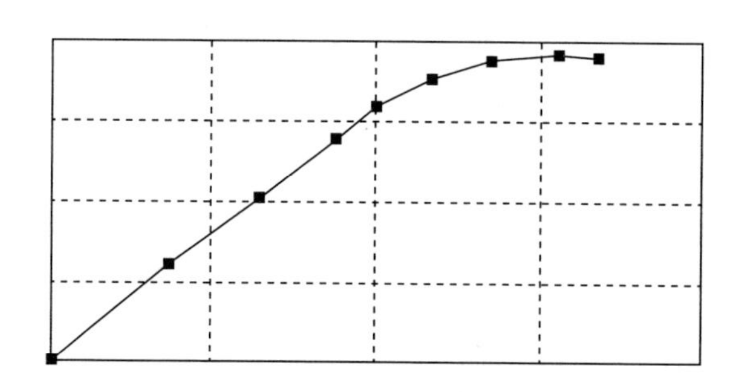

图 6-7　居民消费水平影响因子表函数曲线

6.3.3.4　垃圾焚烧子系统

在此子系统中，垃圾焚烧处理总量是状态变量，垃圾焚烧年处理量是速率变量，其余变量是辅助变量。垃圾焚烧年处理量表示为垃圾焚烧年处理量等于垃圾年产生总量和垃圾焚烧处理比例的乘积。其中垃圾年产生总量已在垃圾产生子系统中研究。垃圾焚烧处理比例主要受固体废弃物处理资金水平的影响，但是因为缺少相关数据，本部分使用整个环保行业的环保投资水平代替固体废弃物处理资金水平。投入环保行业的资金越多，垃圾焚烧处理比例越高，两者之间呈正相关的关系。环保投资的直接影响因素是 GDP 水平。

模型中环保投资等于 GDP 与环保投资比例的乘积，有关规划政策对环保投资比例的影响用政策因子表示，该政策因子表示以时间为自变量的非线性表函数关系。规划政策影响因子表函数曲线如图 6-8 所示。

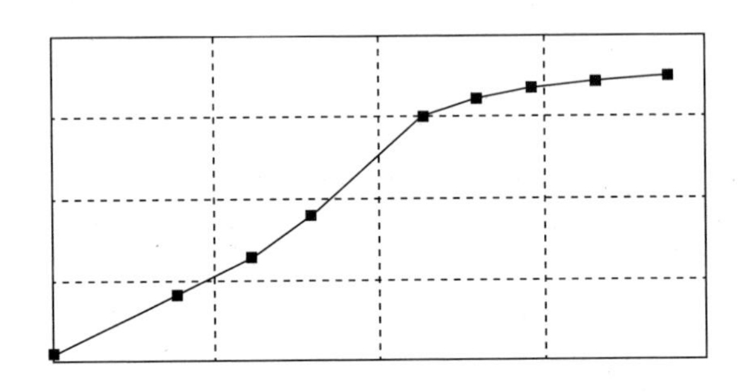

图 6-8　规划政策影响因子表函数曲线

垃圾焚烧比例受环保投资状况的影响，环保投入越多，垃圾焚烧设施发展越健全，相应的焚烧承接能力越高。模型中用环保投资影响因子表示环保投资对垃圾焚烧比例的影响。该因子表示为以环保投资为自变量的非线性函数关系。环保投资影响因子表函数曲线如图 6-9 所示。

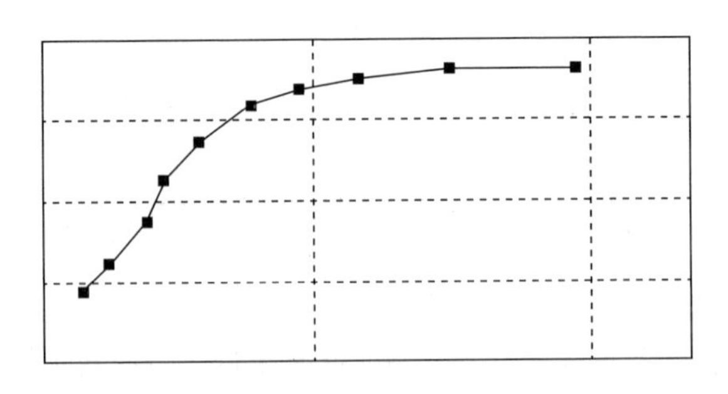

图 6-9　环保投资影响因子表函数曲线

6.3.3.5 垃圾填埋子系统

垃圾填埋因其投资少、工艺简单等优点是我国大多数城市解决生活垃圾出路的最主要方法。但是，垃圾填埋处理方式存在细菌病毒残留、重金属污染、渗透液污染地下水源等诸多隐患。因此这种方法存在很大的安全隐患和环境隐患，在许多发达国家已经明令禁止采用填埋方式进行垃圾处理。近年来，我国相关政府部门已经意识到垃圾填埋带来的危害，逐步开始禁止、淘汰此类行为。

生活垃圾年填埋处理量主要是受垃圾填埋比例和垃圾年产生量的影响，在模型中表示为生活垃圾年填埋处理量等于垃圾年产生量与垃圾填埋比例的乘积。根据《“十四五”城镇生活垃圾分类和处理设施发展规划》，在“十四五”末期，北京市生活垃圾焚烧和生化设计处理能力达到3.1万吨/日以上，实现原生生活垃圾“零填埋”。本模型用“十四五”规划影响因子表示政策规划对垃圾填埋比例的影响，该因子表示为以时间为自变量的非线性表函数关系。“十四五”规划影响因子表函数曲线如图6-10所示。

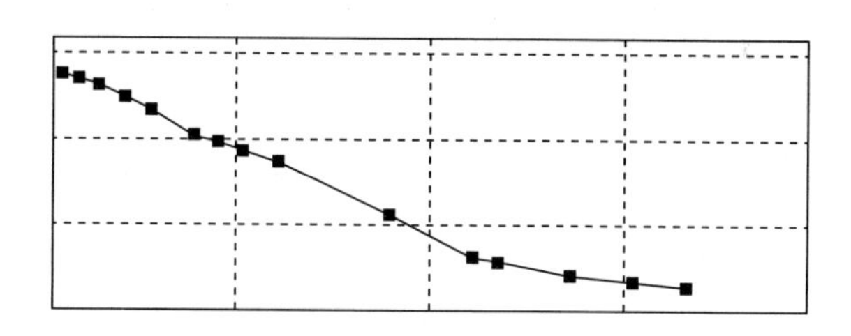

图6-10 “十四五”规划影响因子表函数曲线

填埋处理比例还受环保投资影响。由于用于垃圾填埋的环保投资逐渐减少。模型中使用环保投资影响因子2表示环保投资对垃圾填埋比例的负反馈关系。该因子表示以环保投资为自变量的非线性表函数关系。环保投资影响因子2表函数曲线如图6-11所示。

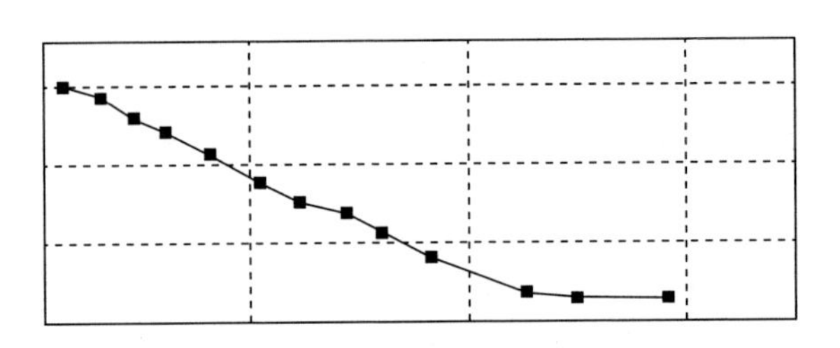

图 6-11　环保投资影响因子 2 表函数曲线

6.3.3.6　垃圾回收再利用子系统

生活垃圾在一定程度上是放错位置的资源，有效的生活垃圾回收再利用不仅可以节约资源，减少浪费，而且对于生态环境的保护具有更加深刻的现实意义。因缺乏餐厨垃圾堆肥处理的统计数据，本部分将垃圾的回收利用和餐厨垃圾的堆肥处理合并为一个子系统——垃圾回收再利用子系统。相关数据可由垃圾无害化处理总量、垃圾焚烧总量和垃圾填埋总量计算而得。生活垃圾的回收再利用年处理量等于回收再利用率和垃圾年产生量的乘积。其中回收再利用率随着垃圾分类政策的执行而不断提高。本模型中用垃圾强制分类政策影响因子表示其对垃圾回收再利用率的影响，该因子表示为以时间为自变量的非线性表函数关系。此外，对垃圾分类和堆肥处理基础设施的资金投入也在不断增加，因此用环保投资影响因子 3 表示其对垃圾回收利用率的影响，该因子表示为以环保投资为自变量的非线性表函数关系。环保投资影响因子 3 表函数曲线如图 6-12 所示。

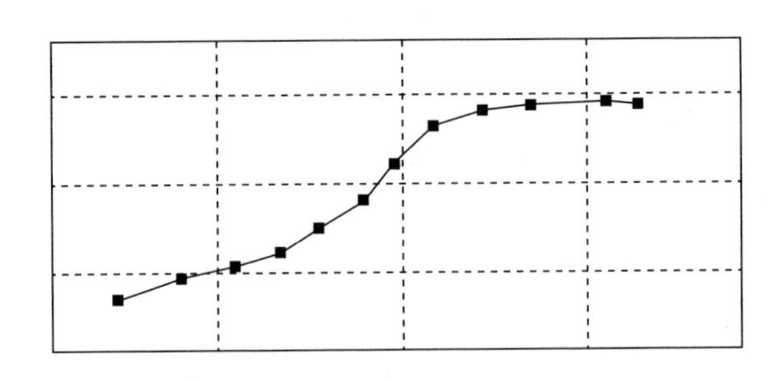

图 6-12　环保投资影响因子 3 表函数曲线

国务院办公厅印发《生活垃圾分类制度实施方案》，作为国务院层面首个专门针对垃圾分类的政策文件，要求 46 个城市（其中包括北京）先行实施生活垃

圾强制分类，到2020年生活垃圾回收利用率达到35%，以此方案的规划数据为依据，对模型进行不断调试。垃圾强制分类政策影响因子表函数曲线如图6-13所示。

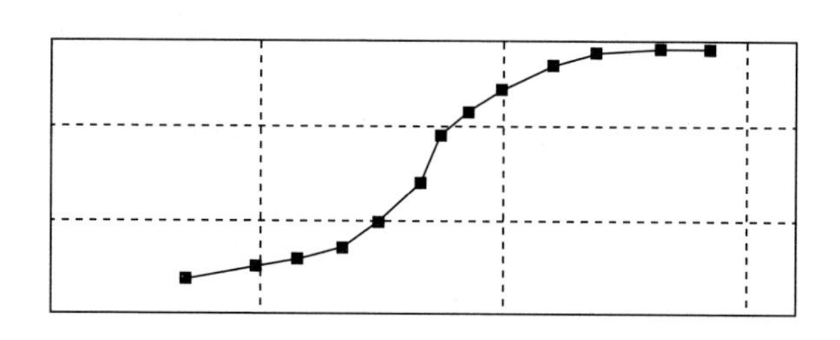

图6-13 垃圾强制分类政策影响因子表函数曲线

6.4 城市生活垃圾协同治理系统动力学实证分析

本部分在上文的基础上，首先对模型的有效性进行检验，模拟自然发展趋势下北京市生活垃圾的年产生量；其次分别以环境承载能力和废弃物管理法律作为关键变量，运用Vensim软件，对两种不同的模拟方案进行模拟仿真，探究环境压力和废弃物相关法律影响因素对系统中驱动效果。

6.4.1 系统方程及流程图分析

前面构建的资源化利用协同治理系统包括人口子系统、宏观经济子系统、垃圾产生、垃圾焚烧、垃圾填埋和垃圾回收再利用六个子系统，每个子系统内都把包括积分方程、速率方程和表函数方程，具体如下所示：

（1）人口子系统

人口子系统包含以下方程：

1）户籍人口=INTEG（户籍人口机械增长量+户籍人口自然增长量，

1257.8)(万人)，其中1257.8为2010年北京市户籍人口数；

2）非户籍人口=INTEG(非户籍人口增长量，704.7)(万人)，其中704.7为2010年北京市非户籍人口数；

3）人口总量=非户籍人口+户籍人口（万人）；

4）户籍人口自然增长量=户籍人口自然增长率×户籍人口（万人）；

5）户籍人口机械增长量=户籍人口×户籍人口机械增长率（万人）；

6）户籍人口自然增长率=人口政策影响因子×户籍人口自然增长率初始值，其中户籍人口自然增长率初始值取2010~2019年均值；

7）人口机械增长率=人口规模控制政策影响因子×户籍人口机械增长率初始值，其中户籍人口机械增长率初始值取2010~2019年均值；

8）非户籍人口增长率=非户籍人口增长率初始值×GDP影响因子×民生影响因子，其中非户籍人口增长率初始值取2010~2019年均值；

9）人口规模控制政策影响因子=WITH LOOKUP（Time）；

10）人口政策影响因子=WITH LOOKUP（Time）；

11）民生影响因子=WITH LOOKUP（Time）；

12）GDP影响因子=WITH LOOKUP（GDP增长率）；

13）GDP调控因子=WITH LOOKUP（Time）。

（2）宏观经济子系统

宏观经济子系统包含以下方程：

1）GDP=INTEG（GDP增长量，14442）（亿元），其中14442亿元为2010年北京市GDP初始值；

2）GDP增长量=GDP增长率×GDP亿元；

3）GDP增长率=GDP增长率初始值×GDP调控因子，其中GDP增长率初始值采用的历史平均值；

4）GDP调控因子=WITH LOOKUP（Time）；

5）居民消费水平=GDP×1.8+2721.5（元）。

（3）垃圾产生子系统

垃圾产生子系统包含以下方程：

1）垃圾产生总量=INTEG（垃圾年产生量，634.9）（万吨），其中634.9为2010年北京市垃圾产量；

2）垃圾年产生量=人口总量×人均垃圾产生量×365/1000（万吨）；

3）人均垃圾产生量=人均垃圾产生量初始值×垃圾收费影响因子×居民消费水平影响因子，其中人均垃圾产生量初始值取的历史数据平均值（千克/人·天）；

4）居民消费水平影响因子=WITH LOOKUP（居民消费水平）。

（4）垃圾焚烧处理子系统

垃圾焚烧处理子系统包含以下方程：

1）垃圾焚烧处理总量=INTEG（垃圾焚烧年处理量，89）（万吨），其中89为2010年北京市垃圾焚烧量的初始值；

2）垃圾焚烧年处理量=垃圾年产生量×垃圾焚烧比例（万吨）；

3）垃圾焚烧比例=垃圾焚烧比例初始值×环保投资影响因子；

4）环保投资=GDP×环保投资比例（亿元）。

（5）垃圾填埋子系统

垃圾填埋子系统包含以下方程：

1）垃圾填埋处理总量=INTEG（垃圾填埋年处理量，445）（万吨），其中，445为2010年北京市垃圾填埋量的初始值；

2）填埋年处理量=垃圾年产生量×垃圾填埋比例（万吨）；

3）垃圾填埋比例=垃圾填埋处理比例初始值×"十四五"规划影响因子×环保投资影响因子2，其中垃圾填埋处理比例初始值取历史数据的平均值。

（6）垃圾回收再利用子系统

垃圾回收再利用子系统包含以下方程：

1）回收再利用总量=INTEG（垃圾回收再利用年处理量，79）万吨，其中79为2010年北京市垃圾回收利用量的初始值；

2）垃圾回收再利用年处理量=垃圾年产生量×回收再利用率（万吨）；

3）垃圾再利用率=回收利用率的初始值×垃圾强制分类政策对回收利用率的影响因子×环保投资影响因子3。

通过将各个子系统的流程图合并，组成整个系统的流程图，如图6-14所示。

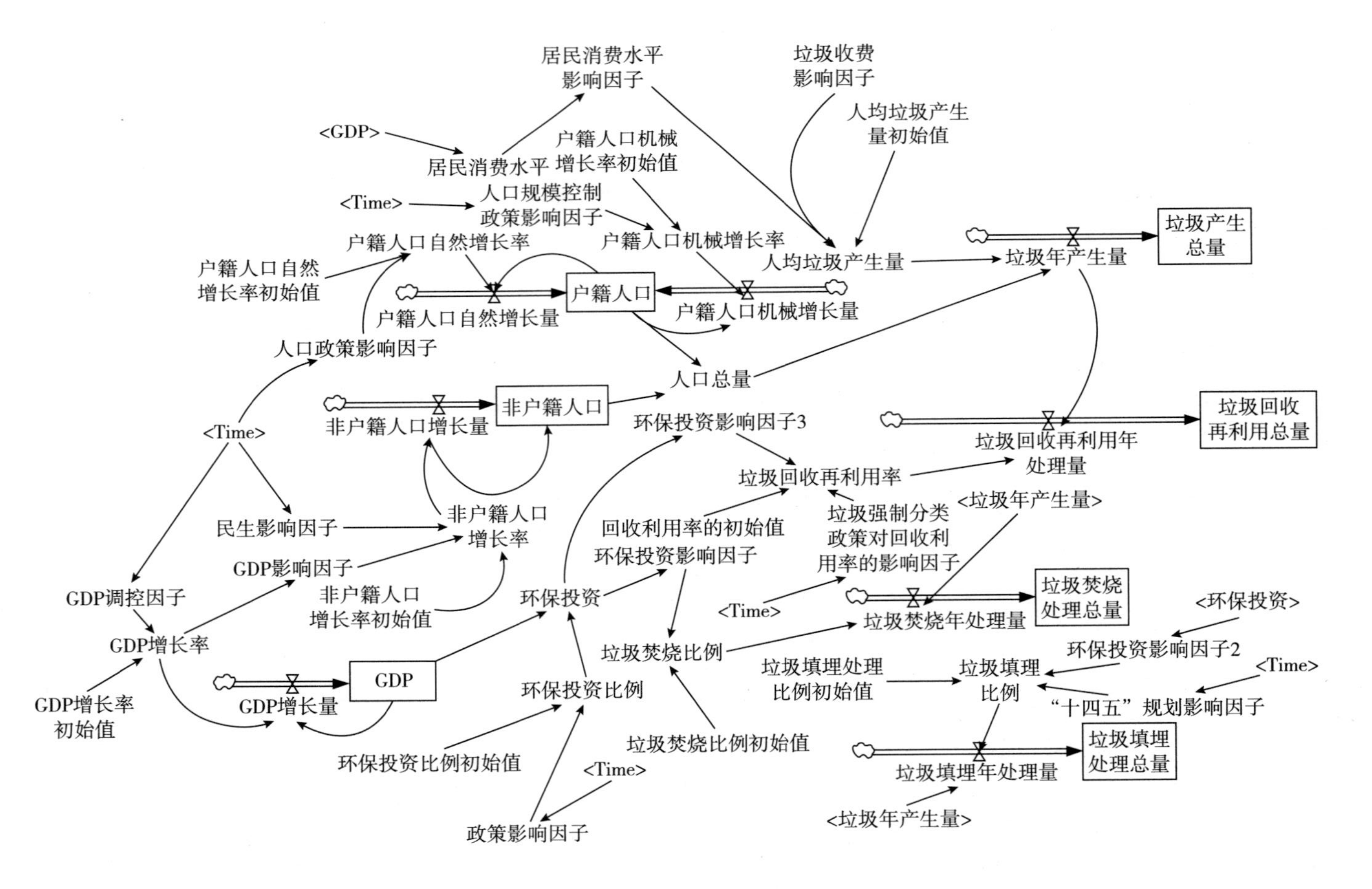
居民消费水平影响因子
垃圾收费影响因子
人均垃圾产生量初始值
<GDP>
户籍人口机械增长率初始值
居民消费水平
<Time>
人口规模控制政策影响因子
户籍人口自然增长率
户籍人口机械增长率
人均垃圾产生量
垃圾年产生量
垃圾产生总量
户籍人口自然增长率初始值
户籍人口
户籍人口自然增长量
户籍人口机械增长量
人口政策影响因子
人口总量
非户籍人口
非户籍人口增长量
<Time>
环保投资影响因子3
垃圾回收再利用年处理量
垃圾回收再利用总量
垃圾回收再利用率
垃圾强制分类政策对回收利用率的影响因子
<垃圾年产生量>
非户籍人口增长率
民生影响因子
回收利用率的初始值
环保投资影响因子
GDP影响因子
非户籍人口增长率初始值
GDP调控因子
环保投资
<Time>
垃圾焚烧年处理量
垃圾焚烧处理总量
<环保投资>
GDP增长率
垃圾焚烧比例
环保投资影响因子2
垃圾填埋处理比例初始值
垃圾填埋比例
<Time>
GDP增长率初始值
GDP
GDP增长量
环保投资比例
“十四五”规划影响因子
环保投资比例初始值
垃圾焚烧比例初始值
垃圾填埋年处理量
垃圾填埋处理总量
<Time>
政策影响因子
<垃圾年产生量>

图 6-14　系统流程

6.4.2　模型有效性检验

模型的有效性检验包括结构检验和功能检验。模型结构检验主要包含模型的边界是否合适、模型和反馈关系是否合理、模型的参数取值是否准确、模型的量纲单位是否一致等方面的检验。需要特别提出的是，模型的检验不是一蹴而就的，在建模的过程中，需要不断地对模型结构进行调整，对参数进行调试，以使模型具有较高的拟合度和精准度。

模型功能检验主要是指对模型模拟结果的统计学检验。模型的模拟结果统计学检验指的是比较拟合结果和实际结果之间的相对误差。从表中数据可以看出，除极个别值相对误差较大，其他值得相对误差稳定在-10%~10%。因某些变量的统计数据是替代数据，本身存在一定的误差，因此，有充分的理由认为本模型通过了功能检验。模型中的部分变量的真实值、模拟值和两者误差数据如表 6-2 所示。

从表中数据可以看出，除极个别值相对误差较大，其他模拟值的相对误差稳定在-5%~5%。因某些变量的统计数据是替代数据，本身存在一定的误差，有充分的理由认为本模型通过了有效性检验。

6.4.3　仿真模拟分析

本部分以环境承载能力和废弃物管理法律作为关键变量，模拟不同情景方案下的政策仿真分析，研究两种动力因素对系统运行的驱动效果。

6.4.3.1　控制人口规模政策的模拟仿真

自 2014 年以来，北京市严格控制城市人口规模，截至 2023 年末，人口几乎没有增长。人口规模得以控制，必然对垃圾产生量带来重大影响。据《北京城市总体规划（2016—2035 年）》要求，北京市需要将常住人口规模控制在 2300 万人以内，且长期稳定在这一水平。模型对人口控制政策情景进行仿真模拟，如图 6-15 所示。

由图 6-15 可知，相较于人口规模不严格控制政策，人口严格调控政策下，北京市垃圾年产量有较为明显的下降。验证了人口规模和经济发展速度通过对生态环境施加压力从而对城市生活垃圾分类和资源化利用的协同治理存在驱动作用。

表 6-2　部分变量的真实值、模拟值和两者误差数据

年份	户籍人口			GDP			垃圾年产生量			人均垃圾产量			垃圾焚烧量			垃圾填埋量		
	真实值（万人）	模拟值（万人）	误差（%）	真实值（亿元）	模拟值（亿元）	误差（%）	真实值（万吨）	模拟值（万吨）	误差（%）	真实值（千克/人·天）	模拟值（千克/人·天）	误差（%）	真实值（万吨）	模拟值（万吨）	误差（%）	真实值（万吨）	模拟值（万吨）	误差（%）
2010	1257. 8	1257. 8	0	14442	14442	0	634. 9	602. 3	5. 13	0. 887	0. 845	4. 94	89. 1	94. 3	-5. 8	445. 4	415	6. 83
2011	1277. 9	1262. 8	1. 18	16628	16177	2. 71	634. 4	614. 6	3. 11	0. 861	0. 835	3. 02	94. 5	101. 5	-7. 4	429. 6	439	-2. 2
2012	1297. 5	1267. 9	2. 28	18350	18122	1. 25	648. 3	680. 8	-5	0. 858	0. 901	-5	94. 7	102. 9	-8. 7	443. 2	457	-3. 1
2013	1316. 3	1272. 3	3. 34	20330	20152	0. 88	671. 7	702. 6	-4. 6	0. 87	0. 915	-5. 2	97. 8	105. 4	-7. 8	489. 9	467	4. 6
2014	1333. 4	1276	4. 31	21944	22226	1. 29	733. 8	766. 9	-4. 5	0. 934	0. 982	-5. 1	156. 1	151. 1	3. 2	488. 6	457	6. 4
2015	1345. 2	1279	4. 92	23686	24351	2. 81	790. 3	834. 7	-5. 6	0. 998	1. 04	-4. 2	209. 4	194. 3	7. 21	325. 8	362	-11
2016	1362. 9	1295. 6	4. 94	25669	26532	3. 29	872. 6	923	-5. 8	1. 1	1. 09	0. 91	272. 5	248. 9	8. 66	472. 8	442	6. 51
2017	1359. 2	1298. 8	4. 44	28015	28710	2. 48	924. 8	967. 2	-4. 6	1. 167	1. 116	4. 39	326. 5	319. 2	2. 24	438	398	9. 13
2018	1375. 8	1307. 6	4. 96	33106	31956	3. 47	975. 1	1028. 5	-5. 5	1. 24	1. 182	4. 68	399. 7	428. 5	-7. 2	393. 8	358	9. 09
2019	1398	1333	4. 67	35371	34601	2. 18	1011. 2	1060. 8	-4. 9	1. 28	1. 22	4. 78	549	511. 7	6. 78	291. 9	271	7. 38

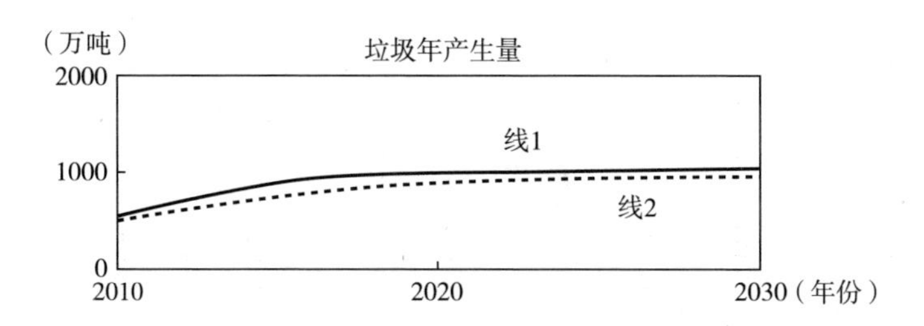

线 1：2300 万人口规模下的垃圾年产量　　线 2：2164 万人口规模控制下的垃圾年产量

图 6-15　人口规模控制政策仿真模拟

6.4.3.2　强制垃圾分类政策的模拟仿真

修改后的《北京市生活垃圾管理条例》自 2020 年 5 月 1 日实施。该条例规定不按规定投放的行为将面临惩处：将有害垃圾和可回收垃圾混放、干湿垃圾混放者，由城管执法部门责令立即改正；拒不改正者，将视具体情况采取罚款措施。标志着垃圾分类政策将从“鼓励”转变为“强制”。对垃圾分类政策强制实施情景进行仿真模拟，结果如图 6-16 所示。

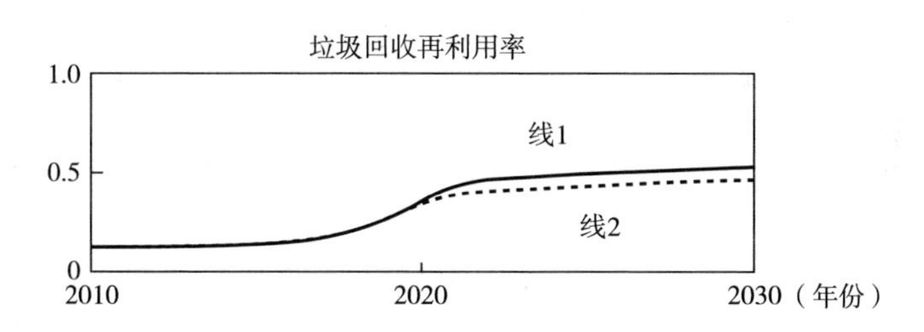

线 1：垃圾强制分类政策下垃圾回收利用率　　线 2：自然趋势下的垃圾回收利用率

图 6-16　垃圾强制分类全覆盖政策模拟

在此调控方案下，垃圾的回收利用率相较于自然趋势得到十分明显的提升，说明了废弃物管理法律可以通过法律的强制力驱动居民进行垃圾分类，提高垃圾回收利用率，推动后端资源化利用，进而实现前端垃圾分类与后端资源化利用协同治理。

6.5 结论

本部分以城市生活垃圾为研究对象，依据协同治理、系统动力学和循环经济等相关理论，按照“提出问题—理论基础—提出假设—构建系统模型—演绎仿真—验证结论—提出建议”的研究思路，综合运用系统动力学方法，构建城市生活垃圾分类和资源化利用协同治理系统理论模型，进行系统结构分析，以北京市生活垃圾历史数据为例，对系统方程及流图进行分析，并对模型进行有效性检验。利用 Vensim 软件对不同模拟方案进行仿真分析，得出以下结论：

第一，构建以政府为主导的多方参与合作的生活垃圾治理模式是实现生活垃圾减量化、无害化、资源化的关键步骤，是打赢垃圾污染防治攻坚战的有力保障措施。城市生活垃圾管理问题得到妥善解决，是一个城市经济与生态环境协调发展的有力见证。我国传统的生活垃圾治理方式中，政府承担无限的公共责任，忽略生产者、消费者、垃圾排放者、资源化利用者、非营利组织等诸多利害相关者的共同参与和责任分担。这种一元治理模式随着城镇化程度增高、城市集群的形成，成本高、效率低、动力不足的缺陷逐渐显露。多方主体共同参与生活垃圾治理，为实现共同的目标发挥各自的优势，是解决城市生活垃圾垃圾治理问题的重要一环。

第二，环境承载能力和废弃物管理法律是维持城市生活垃圾分类和资源化利用协同治理系统良性运转的主要驱动力。在生态环境承载力、政府补贴、生活垃圾分类、回收利用有关法律的作用下，生活垃圾协同治理系统内部各个要素之间相互作用、相互促进、相互制约，生活垃圾产量出现明显的下降趋势，回收利用率也得到显著提升。在保护生态环境的基础上，通过具体法律条例明确城市生活垃圾协同治理有关激励机制，从而使系统内部的物质和能量变化达到一种平衡状态，使城市生活垃圾分类和资源化利用协同治理能够长期有效展开。

第7章　研究结论与对策建议

本书以城市生活垃圾为研究对象，依据协同治理、循环经济、期权、社会福利、系统动力学等相关理论，综合运用EKC模型、实物期权模型、Stackerlberg博弈模型、系统动力学模型与方法，对城市生活垃圾分类和资源化利用协同治理进行系统研究和分析，得出以下结论和对策建议：

7.1　研究结论

7.1.1　关于城市生活垃圾分类排放效果

第一，本研究通过构建EKC模型，分析2020~2023年的数据，对不同城市的垃圾分类效果进行了对比分析，发现存在明显差异。上海、广州、深圳、南京呈N型EKC曲线。相比之下，北京、杭州和厦门则呈现倒N型EKC曲线，而桂林市则体现出U型特征。这些差异折射出了各城市在经济发展道路、产业结构以及环保政策方面的差异，为制定针对性的垃圾分类及环境治理策略提供了依据。作为促进绿色发展的重要措施，垃圾分类应根据城市的实际情况因地制宜地实施，既要体现整体性，也要兼顾差异性，以最大限度发挥其作用，推动各城市高质量发展。

第二，北京市作为国家中心城市，其16个行政区在经济社会发展方面呈现显著差异。从整体来看，这些区域的生活垃圾产生量与经济发展水平呈现一种倒N型EKC曲线特征。具体而言，当经济发展水平较低时，随着经济持续改善，生活垃圾产生量反而呈现下降趋势。而当经济发展水平较高时，生活垃圾产生量又随之上升；但当经济发展水平进一步提高时，生活垃圾产生量最终又出现下降。这种“先降后升再降”的EKC曲线走势，反映了经济发展、城市建设、消费水平等各方面因素对生活垃圾产生的复杂影响。

尽管从全市整体层面来看，北京市16个区的生活垃圾EKC曲线呈现倒N型特点，但当进一步按照城市功能区划分进行分析时，不同区域呈现各自不同的EKC曲线特征。将北京市划分为四大功能区进行分析，发现不同功能区EKC曲线特征存在差异，首都功能核心区呈现倒U型，城市功能拓展区呈现倒N型，城市发展新区呈现不同类型，生态涵养发展区大多呈现倒N型。这种差异性反映了不同功能区在经济发展、产业结构转型、生态环境保护等方面所面临的差异性挑战。这不仅需要全市整体的生活垃圾管理政策，也要因地制宜地制定针对性措施，以更好地适应不同区域的发展需求。

第三，通过分析2000~2022年的数据，探讨了京津冀地区的生活垃圾EKC曲线特征，以及这些地区在经济发展与生活垃圾管理之间的关系。研究发现，北京市和天津市呈现U型曲线特征，表明经济发展初期垃圾产生量增加；但在人均GDP达到一定水平后，垃圾产生量开始下降。而在2023年，北京市出现了关键的拐点，显示出垃圾管理措施的显著成效和环境治理的突破性进展。相比之下，河北省呈现N型曲线特征。这些差异强调了因地制宜的政策制定的重要性。北京市和天津市可以通过继续强化技术创新和政策执行，进一步优化垃圾管理。而河北省则需要在提升技术水平、加强政策落实和调整经济结构方面加大努力，以实现经济发展与环境保护的协调统一。通过对这些因素的深入分析，本书为京津冀地区的生活垃圾管理提供了科学依据，也为其他地区提供了有益的借鉴。

7.1.2 关于城市生活垃圾分类治理PPP模式

7.1.2.1 分配比例与合约签订方式影响政府与社会企业收益分配

第一，分配比例存在可行域。可行域需要通过对不同的比例不断试错得出，

当确定的收入分配比例使得政府与社会企业部门双方收益满足以下两种情况之一时，分配比例处于可行域内：一是政府双边担保策略下，各运营期项目预期收益均大于基准收益，政府均能得到分成，而社会企业部门又不需要补贴或需要补贴的部分小于政府得到分成的部分；二是政府双边担保策略下，政府部门在某运营期得到的分成可以与其对社会企业部门的补贴基本抵消时视为该比例位于可行域内，此时政府双边保证收益分配策略对双方都有利。

第二，合约签约方式决定资金回流速度。由于签订合约方式不同，给项目双方带来的价值增值变化方向不同。当一次签订合约时，政府双边担保策略给政府带来的项目价值增加值前期较高，后期呈下降趋势；当分次签订合约时，政府双边担保策略给政府带来的项目价值的增加值呈上升趋势，前期较低，后期下降，社会企业情况相反。因此双方可以协商选择，若社会企业部门运营期初期所需资金较多，可以倾向于选择分次签订合约；若政府部门财政资金紧张，可以选择一次签订合约。

7.1.2.2　四大风险因素对PPP模式政企双方收益的影响存在差异

首先，垃圾产生量的波动率对项目双方收益影响不对称。当垃圾产生量波动率上升时，政府双边担保策略下给政府部门带来的价值增值下降，社会企业部门获得更多补贴；同时，政府双边担保策略下，当垃圾产生量波动率下降时，给社会企业部门带来的价值增值将下降，政府获得更多分成。

其次，合约签订方式不同对项目价值增值的影响不同。对于一次签订期权合约情况，预期以及基准收益不随着垃圾处理收费的改变而变化，因此政府双保担保策略下项目价值增值不会发生改变；对于各个运营期末重新签订期权合约，随着收益率的上升，政府双保担保策略下项目价值增值不断上升。

再次，分成比例与政府收益成正比，补贴比例与其成反比。随着政府分成比例的上升与补贴比例的下降，政府双边担保策略给政府带来的价值增值不断上升。

最后，宏观经济环境变化对两部门的影响相反。当无风险利率 r 上升时，政府双边担保策略的存在更有利于政府部门；反之，更有利于社会企业部门。

7.1.3 关于城市生活垃圾资源化产品定价策略

碳排放权交易机制作为应对气候变化的重要市场手段，已在许多国家和地区得到广泛应用。这一机制的实施必然会对不同类型产品的定价产生深远影响。

首先，资源化产品的碳排放系数是决定其价格走势的关键因素。当某种资源化产品的碳排放量较高时，在碳排放权交易机制下，其生产成本将明显上升。相比之下，无碳排放限制的情况下，这类产品的价格将相对较低。因此，碳排放权交易机制的实施，将使高碳排放的原生材料和资源化产品的价格高于未实行该机制时的水平。这种价格差异，一方面反映了碳排放成本的内部化，另一方面也可能促进相关企业加大节能减排力度，提高资源利用效率。

其次，随着碳排放权交易价格的不断上升，这一机制下各类产品的价格增长幅度也将有所扩大。一般而言，原生材料和资源化产品的价格将随之出现较大幅度的上涨。相比之下，新产品和绿色产品由于碳排放较低，其价格上升的幅度将相对较小。这种价格差异的扩大，将进一步刺激消费者和企业转向低碳、环保产品，促进整个产业链的绿色转型。

最后，碳排放权交易机制也会影响生产商的利润。碳排放权交易机制下，原生材料生产商的最优利润相比无碳排放限制时下降。这是因为，碳排放权交易使得生产成本上升，而在价格竞争中很难完全转嫁给消费者，从而挤压了利润空间。但当资源化产品的碳排放系数和消费者质量偏好系数都较低时，或者当两者都较高时，碳排放权交易机制下相比无碳排放限制时，资源化产品生产商的最优利润反而会上升。这种情况下，资源化产品相对于原生材料具有成本优势，再加上消费者偏好，使生产商能够在利润最大化的基础上合理调整定价策略。这为企业在碳排放权交易机制下的资源化产品生产和定价决策提供了参考依据。一方面，高碳排放的原生材料和资源化产品生产商需要加大节能减排投入，提高资源利用效率，以降低生产成本，维护利润水平。另一方面，低碳资源化产品生产商则可以进一步发挥成本优势，在满足消费者需求的同时获得较高利润。

7.1.4　关于城市生活垃圾资源化利用政府决策

四种政府补贴模式下，即政府不补贴、政府仅补贴资源化生产企业、政府仅补贴购买资源化产品的消费者、政府同时补贴资源化生产企业和购买其产品的消费者。同等条件下，第二种补贴模式，即政府仅补贴资源化生产企业模式可以实现社会福利最大化。

当补贴系数调整因子为 0.400384 时，社会整体福利相比于不采取补贴时提高了 1.92%，相比仅补贴购买资源化产品的消费者模式下最大社会福利提高了 0.03%，此时社会福利达到最大值，故该补贴模式是政府最佳补贴方式，0.400384 是政府补贴系数调整因子的最优决策。当政府以 $t=0.400384$ 对资源化企业进行补贴，企业主动降低了产品价格，降价幅度达到了 6.94%，补贴金额在一定程度上既减轻了企业的成本压力，也使产品的价值得到了补偿，价格的下降刺激了消费者的支付意愿，使资源化产品的需求大幅提高，资源化生产企业收益相对于不补贴时提高 139.02%，消费者剩余提高了 51.86%，有效解决了企业投入产出不匹配的矛盾，补贴资金的使用效率较高，提高了整个市场的社会福利水平。

7.1.5　关于城市生活垃圾分类与资源化利用协同治理

第一，随着居民生活水平的提升，消费需求的增加以及城市建设步伐的加快，产生的生活垃圾必然会不断攀升。如果仅靠现有的处理能力，很难应对这种增长态势。这不仅会导致垃圾处理设施超负荷运转，还可能引发环境污染、土地占用等一系列问题，对城市的可持续发展造成严重阻碍。因此，北京市必须尽快采取有效措施，构建以政府为主导的多方参与合作的生活垃圾治理模式，从根本上遏制生活垃圾的高速增长。这需要从源头管控、分类收集、资源化利用、无害化处理等全链条入手，通过提高法规标准、完善收运体系、建设现代化设施、推广循环经济等措施，持续优化生活垃圾管理水平，最终实现城市清洁、环境友好的目标。

第二，城市生活垃圾分类和资源化利用，关乎着城市的生态环境可持续性。

要维持这一协同治理系统的良性运转，需要采取综合性措施。首先是环境承载能力的约束机制。强力控制人口规模增长，避免城市规模超出环境承载阈值，是减少垃圾排放的重要手段。其次是废弃物管理法律的刚性要求。通过强制性的垃圾分类制度，可以大幅提升居民对垃圾分类的参与度和垃圾回收利用的效率。最后，加强环境经济政策的引导作用。提高垃圾收费标准，加大经济手段的调控力度，可以直接影响居民和企业的垃圾处理行为，从而有效降低垃圾的产生量。只有通过这些措施的有机结合，城市的生活垃圾问题才能得到根本解决；只有真正维护好城市的生态环境，才能让城市生活垃圾分类和资源化利用的协同治理系统发挥应有的作用，推动城市的绿色可持续发展。

7.2 对策建议

7.2.1 关于城市生活垃圾分类排放效果的建议

第一，加大垃圾强制分类的力度和违规惩治力度。虽然住房和城乡建设部等9部门发布的《关于在全国地级及以上城市全面开展生活垃圾分类工作的通知》文件明确要求，“2022年，各地级城市至少有1个区实现生活垃圾分类全覆盖，其他各区至少有1个街道基本建成生活垃圾分类示范片区；2025年，全国地级及以上城市基本建成生活垃圾分类处理系统”。但是，目前大多城市垃圾分类治理推进缓慢，效果堪忧，需要强制性手段加以干涉，以达到帕累托最优解。另外，对违反规定的相关行为需要加以处罚，快速推行垃圾分类在全国范围内的普及，改善城市环境。

第二，制定全国统一的垃圾分类标准。我国各地出台的垃圾分类标准有所差别，目前试点城市大体可分为三种：三分法、四分法和五分法。不同城市采取的分类标准细则各有不同，主要原因在于城市之间的垃圾处理水平参差不齐，导致各地在末端垃圾处理技术和装置配置上的混乱和效率低下，为实现全国城市生活

垃圾处理的全过程同质化发展，需要制定全国统一的垃圾分类标准。

第三，改进垃圾按量收费制度。大多数城市生活垃圾处理为固定收费模式，按年度支付定额的垃圾处置费，这使垃圾抛投者的边际成本为零，难以引导垃圾排放量的减少。建议做实垃圾按量收费制度，多排放多收费，少排放少收费，提高垃圾排放的边际成本，减少生活垃圾排放。

第四，加强宣传教育，提高公众参与度。垃圾分类的成功实施需要广大公众的积极参与。各地应加大宣传力度，普及垃圾分类知识，引导公众养成良好的分类习惯，提高公众参与度和主动性。同时，可以借助志愿服务等方式，动员社会各界共同参与，形成全社会共同参与的良好局面。

第五，针对京津冀地区，应建立京津冀垃圾管理协作平台，促进三地经验和技术共享。考虑到北京、天津作为直辖市与河北省在经济结构、城市化水平等方面存在差异，可以通过该平台实现先进管理经验和技术的交流，推动跨区域环保产业合作，统筹规划和建设垃圾处理设施。充分利用北京、天津在技术创新方面的优势，带动河北省提升垃圾处理能力；建立区域联动机制，协调制定统一的环境政策标准，避免污染转移，实现区域整体的环境改善。另外，在政策制定过程中，应充分考虑各地区的具体特点和发展阶段，避免“一刀切”的做法，应采取渐进式和适应性的政策调整方式，确保垃圾管理政策的有效性和可持续性。通过这些针对性措施，京津冀地区可以在促进经济发展的同时，实现更加有效和可持续的垃圾管理。

7.2.2　关于城市生活垃圾分类治理 PPP 模式的建议

第一，采用模拟试错法确定收益分配比例的可行域。由于收益分配比例存在可行域，可行域之外的分配比例将导致政府双边担保策略只对一方有利，在政府与社会企业部门就生活垃圾 PPP 项目合约内容进行协商之前，需要对基准收入的设定做出详细的调查研究，考虑预期收益、分配比例、无风险利率、行业发展等相关因素，对补贴和分成比例不断试错，确定可行域，在可行域之中协商确定分配比例以实现政府和社会企业双赢。

第二，依据对资金回流速度的偏好选择合理的签约方式。在运营初期即签订合约，期限为整个特许期以及各个运营期初重新签订合约两种签约方式下，资金的回流速度不同，项目双方可以进行协商，签约方式可偏向于需求资金较为紧张的一方，若政府部门财政资金较紧张，可选择分次签约；若社会企业部门资金较紧张，可选择一次签约。同时，政府可以此签约方式选择权作为吸引非政府部门参与 PPP 项目的有力手段。

第三，利用风险对冲方法防范垃圾处理 PPP 项目风险。首先，对城市垃圾进行跨区处理应对产量波动风险。在 PPP 项目运营初期，政府部门针对万一出现的特殊极端情况，可以事先约定；若生活垃圾供应量不足，导致波动率下降较大，政府部门将协调其他地区进行生活垃圾跨区处理。其次，赋予更改分配比例权利对冲垃圾治理政策变动风险。社会企业部门可以与政府部门协商，消除政策不确定性给项目收益带来的影响，当国家出台较高标准的环保要求时，社会企业部门可以要求政府部门提高补贴比例以降低成本。

7.2.3 关于城市生活垃圾资源化产品定价策略的建议

第一，在碳排放权交易机制下，企业应该采取积极的措施来应对，提高自身的竞争力。原生材料生产商应该加大减排投入，引进先进的生产设备和技术，提高生产过程的能源效率，降低碳排放强度。通过这些措施，可以减少超额碳排放，降低因需要购买碳排放权而增加的成本。同时，原生材料生产商还应该密切关注碳排放权交易价格的变化趋势，适时调整产品定价策略，维护自身的利润水平。

第二，资源化产品生产商应该进一步提高产品质量，增强消费者的偏好。资源化产品生产商还应该加大减排投入，优化生产工艺，降低产品的碳排放系数。这样不仅可以增加碳排放权的盈余，提高生产利润，而且还能提升资源化产品在市场上的竞争力。

第三，政府应该进一步完善碳排放权交易机制，合理设置碳排放基准，为企业提供更好的碳排放管理激励。可以根据不同行业的特点，制定差异化的碳排放基准，鼓励企业主动减排。政府还应该加大对绿色技术研发的支持力度，为企业提供更多的技术创新支持。只有各方共同参与，才能推动资源化产品的持续发

展，为实现碳中和目标贡献力量。

7.2.4 关于城市生活垃圾资源化利用政府决策的建议

第一，政府补贴对象适宜选择资源化生产企业，为了促进城市生活垃圾资源化的健康、持续发展，解决资源化企业投入产出不匹配矛盾和资源化产品价值补偿问题，实现社会整体福利最大化，政府应该根据资源化产品的“三化”程度对生产企业进行补贴。该补贴方式能够有效分担资源化生产企业的成本压力，使资源化产品下降，进而促进消费者的支付意愿，提高消费者需求。

第二，政府可以依据最优补贴系数调整因子确定最优补贴额度，当政府选择对资源化生产企业进行补贴时，并非补贴金额越多，产生的社会福利越大。当政府选择的最优补贴系数调整因子为0.400384时，社会福利达到最大值，资金的使用效率最高，依据该调整因子，政府可确定最优补贴额度。除此之外，为进一步规范补贴资金的科学使用和节省财政支出，政府应充分发挥宏观调控作用，做好资源分配工作，保证各环节有序进行，落实补贴资金的用途和去处，防止资源化生产企业的逆向选择和道德问题。

第三，政府补贴政策需要遵循市场规律不宜长期使用，政府补贴属于短期鼓励行为，旨在解决城市生活垃圾资源化前期发展中的难题，从长期发展角度来看，企业的发展终究需要依靠内部遵循市场经济规律自行解决。针对资源化生产企业投入产出不匹配的矛盾，企业应当将政府补贴作为过渡期，在过渡期内，通过自身内部机制缓和及解决该矛盾。具体可以增加研发投入和改进加工技术，从内部降低资源化产品加工的成本，通过成本的降低使资源化产品售价降低，实现对同类非资源化产品的市场竞争力提升，扩大市场份额，增强产品竞争力。

7.2.5 关于城市生活垃圾分类与资源化利用协同治理的建议

第一，加强环境承载能力管控。为了维护良好的城市生态环境，需要进一步加强环境承载能力管控。制定切实可行的城市人口规模调控措施，将人口增长控制在环境可承受的范围内。通过科学的人口预测和合理的发展规划，合理控制城市人口规模，降低人口密集导致的垃圾、能源、交通等方面的压力。同时，要严格管控城市建设用地规模，坚持节约优先、集约利用的原则，合理控制城市规模扩张，避免城市无序蔓延造成的环境负荷增加。此外，还应当大力发展绿色建筑和可再生能源，提高资源利用效率，推动城市经济社会与生态环境的协调发展。只有把握好环境承载能力这个“总开关”，才能确保城市长期可持续发展，创造更加宜居的生活环境。

第二，完善垃圾强制分类法律。制定垃圾强制分类的法律法规，明确垃圾产生者必须分类的法律责任。通过法律的强制手段，确保垃圾分类从源头得到有效执行，避免因居民意识淡薄或配合不足而影响垃圾分类效果。同时，要建立健全的法律监管机制，对违法行为进行严厉惩处，让失职或逃避责任的行为付出应有的代价。此外，还要出台相应的配套措施，为居民提供便利的分类收集和处理渠道，提高分类的可操作性。只有依靠法律的强制力，完善相关的法规政策，才能真正推动垃圾分类工作落到实处，为城市环境治理贡献应有力量。

第三，完善垃圾资源化利用配套设施建设，建立与垃圾分类品种相配套的收运体系、与再生资源利用相协调的回收体系，做好垃圾分类收运与终端处置相互衔接；有害垃圾分类收集与危险废弃物处理的衔接；易腐垃圾或厨余垃圾分类收集与生物质资源化利用的衔接。

参考文献

[1] Alessandro L. Cost Efficiency in the Management of Solid Urban Waste [J]. Resources, Conservation & Amp; Recycling, 2009, 53 (11) .

[2] Ansell C, Gash A. Collaborative Governance in Theory and Practice [J]. Journal of Public Administration Research and Theory, 2007 (18): 543-571.

[3] Bao Z, Lu W. Applicability of the Environmental Kuznets Curve to Construction Waste Management: A Panel Analysis of 27 European Economies [J]. Resources, Conservation and Recycling, 2023 (188): 106-667.

[4] Blank F F, Baidya T K N, Dias M A G. Private Infrastructure Investment through Public Private Partnership: An Application to a Toll Road Highway Concession in Brazil [EB/OL] . http: //www. realoptions. org/abstracts_2009. html, 2009-06-18.

[5] Boubellouta B, Kusch-Brandt S. Cross-Country Evidence on Environmental Kuznets Curve in Waste Electrical and Electronic Equipment for 174 Countries [J]. Sustainable Production and Consumption, 2021 (25): 136-151.

[6] Calanni J, Weible C, and Leach W. Explaining Partnerships Coordination Networks in Collaborative [J]. Social Science Electronic Publishing, 2010, 25 (3): 5-30.

[7] Cheng J, Li B, Gong B, et al. The Optimal Power Structure of Environmental Protection Responsibilities Transfer in Remanufacturing Supply Chain [J]. Journal of Cleaner Production, 2017, 97 (2): 558-569.

[8] Chi K. Four Strategies to Transform State Governance [M]. Washington. DC: IBM Center for The Business of Government, 2008.

[9] Cooper et al. Citizen-Centered Collaborative Public Management [J]. Public Administration Review, 2006 (66): 76-88.

[10] D' Aspremont C, Jacquemin A. Cooperative R&D in Duopoly with Spillovers [J] . American Economic Review, 1988, 78 (5): 1133-1137.

[11] Daniel V R, Guide J, Li J. The Potential for Cannibalization of New Products Sales by Remanufactured Products [J]. Decision Sciences, 2010, 41 (3): 547-572.

[12] Debo L G, Toktay L B, Van Wassenhove L N, et al. Market Segmentation and Product Technology Selection for Remanufacturable Products [J]. Management Science, 2005, 51 (8): 1193-1205.

[13] Doanand P, Menyah K. Impact of Irreversibility and Uncertainty on the Timing of Infrastructure Projects [J]. Journal of Construction Engineering and Management, 2013, 139 (3): 331-338.

[14] Donahue J D, Richard J Z. Public-Private collaboration [M]. UK: Oxford University Press, 2008.

[15] Donahue J. On Collaborative Governance [D]. Cambridge, Boston Metropolitan Area, Massachusetts, USA: Harvard University, 2004.

[16] Emerson K, Nabatchi T, Balogh S. An Integrative Framework for Collaborative Governance [J]. Journal of Public Administration Research and Theory, 2012, 22 (1): 1-29.

[17] Ferguson M E, Toktay L B. The Effect of Competition on Recovery Strategies [J]. Production and Operations Management, 2009, 15 (3): 351-368.

[18] Ferrer G, Swaminathan J M. Managing New and Differentiated Remanufactured Products [J]. European Journal of Operational Research, 2010, 203 (2): 370-379.

[19] Francesca Medda A. Game Theory Approach for the Allocation of Risk in

Transport Public Private Partnerships [J]. International Journal of Project Management, 2007 (25): 213-218.

[20] Imperial M T. Using Collaboration as a Governance Strategy: Lessons from Six Watershed Management Programs [J]. Administration and Society, 2005, 37 (3): 282-283.

[21] Krüger N A. To Kill a Real Option-Incomplete Contracts, Real Options and PPP [J]. Transportation Research Part A, 2012, 46 (8): 1359-1371.

[22] Li Y N, Lin Q, Ye F. Pricing and Promised Deliver Lead Time Decisions with a Risk Averse Agent [J] . International Journal of Production Research, 2014, 52 (12): 3518-3537.

[23] Li Y J, Xu F C, Zhao X K. Governance Mechanisms of Dual-Channel Reverse Supply Chains with Informal Collection Channel [J]. Journal of Cleaner Production, 2017 (155): 125-140.

[24] Luo C L. Supply Chain Analysis under a Price-Discount Incentive Scheme for Electric Vehicles [J]. European Journal of Operational Research, 2014 (1) .

[25] Ma W, Zhao Z, Ke H. Dual-Channel Closed-Loop Supply Chain with Government Consumption-Subsidy [J]. European Journal of Operational Research, 2013, 226 (2): 221-227.

[26] Miranda M L, Everett J W, Blume D, Barbeau A R. Market-based Incentives and Residential Municipal Solid Waste [J]. Journal of Policy Analysis and Management, 1994, 13 (4): 681-698.

[27] Morse R S, Stephens J B, Teaching Collaborative Governance: Phases, Competencies, and Case-Based Learning [J]. Journal of Public Affairs Education. 2012, 18 (3): 565-584.

[28] Robert A, Bohm D H, Folz T C, Kinnaman M J P. The Costs of Municipal Waste and Recycling Programs [J]. Resources, Conservation & Recycling, 2010, 54 (11): 868-871.

[29] Robert A, Bohm D H, Folz, Thomas C, Kinnaman M J P. The Costs of

Municipal Waste and Recycling Programs [J]. Resources, Conservation & Recycling, 2010, 54 (11) .

[30] Shen L, Tang L, Mu Y. Critical Success Factors and Collaborative Governance Mechanism for the Transformation of Existing Residential Buildings in Urban Renewal: From a Social Network Perspective [J]. Heliyon, 2024, 10 (6) .

[31] Sheu J B. Bargaining Framework for Competitive Green Supply Chains under Governmental Financial Intervention [J]. Transportation Research Part E: Logistics and Transportation Review, 2011, 47 (5): 573-592.

[32] Sundqvist-Andberg H, Åkerman M. Collaborative Governance as a Means of Navigating the Uncertainties of Sustainability Transformations: The Case of Finnish Food Packaging [J]. Ecological Economics, 2022 (197): 107455.

[33] Supriya M, Scott W. Competition in Remanufacturing and the Effects of Government Subsidies [J]. International Journal of Production Economics, 2007, 111 (2) .

[34] Wertz K L. Economic Factors Influencing Household's Production of Refuse [J]. Journal of Environmental Economic Sand Management, 1976 (2): 263-272.

[35] Zadek S. The Logic of Collaborative Governance: Corporate Responsibility, Accountability, and the Social Contract [D]. Harvard University, 2006.

[36] Zhang S B, Gao Y, Feng Z, Sun W B. PPP Application in Infrastructure Development in China: Institutional Analysis and Implications [J]. International Journal of Project Management, 2015, 33 (3): 497-509.

[37] 曹裕,李青松,胡韩莉. 不同政府补贴策略对供应链绿色决策的影响研究 [J]. 管理学报, 2019, 16 (2): 144-152+163.

[38] 陈二强,汪贤裕. 基于再制造系统的闭环供应链的逆向物流研究 [J]. 物流技术, 2008 (1): 20-22.

[39] 陈为公,李艳娟,刘艳,闫红. 基于改进 TOPSIS 法的 PPP 项目风险初步分担研究 [J]. 会计之友, 2019 (1): 15-20.

[40] 陈晓红,汪继,王傅强. 消费者偏好和政府补贴下双渠道闭环供应链

决策研究［J］. 系统工程理论与实践，2016，36（12）：3111-3122.

［41］陈晓清，侯保灯，陈立华，王建华，王丽川，黄亚. 宁夏工业用水环境库兹涅茨曲线形成机制及未来发展趋势［J］. 南水北调与水利科技（中英文），2021，19（2）：1-16.

［42］程发新，马方星，邵汉青. 政府补贴下考虑回收质量不确定的闭环供应链定价决策研究［J］. 华东经济管理，2017（12）：146-152.

［43］程罗娜. 环境费用效益分析在环保基础设施建设评价中的应用研究［D］. 南京信息工程大学硕士学位论文，2017.

［44］崔铁宁，王丽娜. 城市生活垃圾排放量与经济增长关系的区域差异分析［J］. 统计与策，2018，34（20）：126-129.

［45］杜倩倩，马本，王军霞. 城市生活垃圾减量化与计量收费经济学探析［J］. 理论月刊，2014（6）：181-184.

［46］段世霞，李腾. 基于不对称 Nash 谈判模型的 PPP 项目收益分配研究［J］. 工业技术经济，2019，38（8）：137-144.

［47］方俊，王柏峰，田家乐，王超，王琰临. PPP 项目合同主体收益分配博弈模型及实证分析［J］. 土木工程学报，2018（8）：100-108+132.

［48］公彦德，陈梦泽，王媛. 基于不同基金补贴方式的闭环供应链模型比较研究［J］. 工业技术经济，2018，37（9）：75-82.

［49］公彦德，王媛，陈梦泽. 闭环供应链基金补贴分配优化研究［J］. 工业工程与管理，2019，24（6）：1-9.

［50］贡文伟，李虎，张蓉. 政府补贴下竞争闭环供应链回收再制造决策模型分析［J］. 华东经济管理，2014，28（3）：120-125.

［51］顾昱. 中国行政管理学会 2010 年会暨“政府管理创新”研讨会论文集［C］. 中国行政管理学会，2010（16）：1-16.

［52］关启亮，周根贵，曹柬. 具有政府回收约束的闭环供应链回收再制造决策模型［J］. 工业工程，2009，12（5）：40-44.

［53］郭健. 公路基础设施 PPP 项目交通量风险分担策略研究［J］. 管理评论，2013，25（7）：11-19+37.

[54] 郭军华，杨丽，李帮义，倪明．不确定需求下的再制造产品联合定价决策 [J]．系统工程理论与实践，2013，33（8）：1949-1955.

[55] 蓝剑平．我国社会协同治理的主体障碍及解决路径 [J]．中共福建省委党校学报，2018（12）：71-75.

[56] 李金龙，武俊伟．京津冀府际协同治理动力机制的多元分析 [J]．江淮论坛，2017（1）：73-79.

[57] 李寿国，周文珺．基于 PPP 模式的地下综合管廊项目风险分担机制分析 [J]．安全与环境学报，2018，18（3）：1019-1024.

[58] 李新然，左宏炜．政府双重干预对双销售渠道闭环供应链的影响 [J]．系统工程理论与实践，2017，37（10）：2600-2610.

[59] 李妍．不完全信息动态博弈视角下的 PPP 项目风险分担研究——基于参与方不同的出价顺序 [J]．财政研究，2015（10）：50-57.

[60] 李扬，李金惠，谭全银，刘丽丽．我国城市生活垃圾处理行业发展与驱动力分析 [J]．中国环境科学，2018，38（11）：4173-4179.

[61] 李兆前，齐建国．循环经济理论与实践综述 [J]．数量经济技术经济研究，2004（9）：145-154.

[62] 刘承毅．城市垃圾处理行业市场化改革与政府规制研究 [D]．东北财经大学博士学位论文，2014.

[63] 刘曼琴，张耀辉．城市生活垃圾处理价格规制的比较分析：按量收费与回收补贴 [J]．南方经济，2018（2）：85-102.

[64] 刘欣艳，芦会杰．北京市生活垃圾污染控制对垃圾分类的需求 [J]．环境卫生工程，2019，27（4）：22-24.

[65] 刘妍，马慧民．湿垃圾资源化处理的政府补贴决策研究 [J]．生态经济，2020，36（2）：171-176.

[66] 刘远书，籍国东，罗忠新，罗敏．南水北调东线治污对山东段的环境与经济影响——基于 EKC 曲线理论的实证分析 [J]．中国人口·资源与环境，2020，30（10）：73-81.

[67] 逯元堂，刘双柳，徐顺青，陈鹏，高军．基于弹性系数法的 PPP 项目

建设期调价机制优化——以污水垃圾处理类项目为例［J］. 生态经济，2019，35（8）：167-170+229.

［68］吕维霞，杜娟．日本垃圾分类管理经验及其对中国的启示［J］. 华中师范大学学报（人文社会科学版），2016，55（1）：39-53.

［69］聂法良．基于生态文明的城市森林多主体协同运营体系构建［J］. 中国海洋大学学报（社会科学版），2014（6）：75-81.

［70］聂永有，王振坤．公共产品供给民营化背景下的政府规制研究［J］. 中国人口·资源与环境，2012，22（1）：167-172.

［71］彭鸿广，骆建文．激励供应商 R&D 努力的最优补贴策略研究［J］. 工业工程与管理，2011，16（5）：41-47.

［72］彭志强，宋文权．政府补贴下闭环供应链差别定价及协调机制［J］. 工业工程与管 理，2016，21（4）：58-66.

［73］邵桂华，郭利军．运动休闲特色小镇 PPP 建设模式的风险分担模型研究［J］. 天津体育学院学报，2017，32（6）：461-467.

［74］沈志锋，梁兴楠，周竞．PPP 项目资源和风险分配优化研究——基于资源和风险分配的博弈关系［J］. 建筑经济，2019，40（12）：55-61.

［75］孙春玲，任菲，张梦晓．公私合营项目收益系统动力学分析——以天然气项目为例［J］. 中国科技论坛，2016（3）：131-137.

［76］孙迪，余玉苗．绿色产品市场中政府最优补贴政策的确定［J］. 管理学报，2018，15（1）：118-126.

［77］孙荣霞．基于霍尔三维结构的公共基础设施 PPP 项目融资模式的风险研究［J］. 经济经纬，2010（6）：142-146.

［78］谭根林．循环经济学理论［M］. 北京：经济科学出版社，2006.

［79］谭雅妃，徐和清．实物期权视角下污水治理 PPP 项目需求风险分担研究［J］. 会计之友，2019（13）：46-51.

［80］王继光，董丽珍，常建红．政府补贴下闭环供应链定价决策研究［J］. 科学与管理，2020，40（3）：50-57.

［81］王建斌，吴小佳．PPP 项目风险再分担问题研究——基于效用理论的

分析［J］. 价格理论与实践，2018（3）：139-142.

［82］王淑英，晋雅芳. 城市地下综合管廊 PPP 项目收益研究——基于系统动力学方法的分析［J］. 价格理论与实践，2017（5）：143-146.

［83］王树文，韩鑫红. 政府协同治理安全危机双重整合机制及政策建议［J］. 中国行政管理，2015（12）：85-88.

［84］王树文，文学娜，秦龙. 中国城市生活垃圾公众参与管理与政府管制互动模型构建［J］. 中国人口·资源与环境，2014，24（4）：142-148.

［85］王伟，张海洋. 协同治理：我国社会治理体制创新的理论参照［J］. 理论导刊，2016（12）：9-13.

［86］王文宾，达庆利. 奖惩机制下闭环供应链的决策与协调［J］. 中国管理科学，2011，19（1）：36-41.

［87］王晓彦，胡婷婷，胡德宝. PPP 项目利益与风险分担研究——基于 PPP 项目利益主体不同利益诉求的分析［J］. 价格理论与实践，2019（8）：96-99.

［88］王璇. 我国城市生活垃圾处理行业市场化改革研究［D］. 广东外语外贸大学硕士学位论文，2016.

［89］王艳丽. 城市社区协同治理动力机制研究［D］. 吉林大学博士学位论文，2012.

［90］王玉海，宋逸群. 共享与共治：中国城市群协同治理体系建构［J］. 开发研究，2017（6）：1-6.

［91］王志刚，郭雪萌. PPP 项目风险识别与化解：基于不完全契约视角［J］. 改革，2018（6）：89-96.

［92］韦海民，鲁伟. 垃圾焚烧发电 PPP 项目处理费定价探讨——基于风险管理的定量分析［J］. 财会月刊，2018（16）：91-97.

［93］徐勇戈，王莎莎. 公租房 BOT 模式全生命周期风险分担研究［J］. 会计之友，2019（11）：16-21.

［94］许华，王莹. EKC 视角下陕西经济增长与碳排放量实证研究［J］. 调研世界，2021（1）：54-59.

［95］许淇安．再制造补贴下考虑质量水平的闭环供应链定价决策研究［J］．物流科技，2020，43（6）：103-108.

［96］闫颖洛，姚锋敏，魏玲，滕春贤．政府不同补贴模式下的闭环供应链定价决策［J］．科技与管理，2019，21（6）：61-66.

［97］杨华锋．协同治理的行动者结构及其动力机制［J］．学海，2014（5）：35-39.

［98］杨清华．协同治理与公民参与的逻辑同构与实现理路［J］．北京工业大学学报（社会科学版），2011，11（2）：46-50+70.

［99］杨志军．多中心协同治理模式研究：基于三项内容的考察［J］．中共南京市委党校学报，2010（3）：42-49.

［100］姚张峰，许叶林，龚是滔．关于 PPP 垃圾焚烧发电项目特许定价研究——基于系统动力学理论分析［J］．价格理论与实践，2017（4）：132-135.

［101］叶晓甦，唐惠珽，熊伟，徐晓烨，谢杰．既有体育场馆 PPP 项目收益系统仿真研究：考虑交易成本［J］．成都体育学院学报，2017，43（3）：22.

［102］有维宝，王建波，刘芳梦，张帅，彭龙镖．基于 GRA-TOPSIS 的城市轨道交通 PPP 项目风险分担［J］．土木工程与管理学报，2018，35（3）：15-21+27.

［103］于春海，于传洋，兰博．考虑消费者偏好与碳交易的制造/再制造两期生产决策［J］．工业工程与管理，2017，22（4）：49-54.

［104］俞可平．从统治到治理［N］．学习时报，2001-01-22（003）．

［105］曾晓玲，何寿奎．重大工程项目 PPP 模式公私利益冲突与行为演化博弈研究［J］．建筑经济，2019，40（12）：66-72.

［106］张瑞瑞．高铁时代跨区域协同治理模式与机制研究［J］．郑州大学学报（哲学社会科学版），2014，47（6）：13-16.

［107］张天勇，韩璞庚．多元协同：走向现代治理的主体建构［J］．学习与探索，2014（12）：27-30.

［108］张维，张帆，罗志红．生活垃圾处理 PPP 项目调价机制研究——兼析实施生活垃圾分类制度的影响［J］．价格理论与实践，2019（6）：78-81.

[109] 周安. 我国城市生活垃圾分类回收政府补贴政策激励模式研究 [D]. 哈尔滨工程大学硕士学位论文，2016.

[110] 周丽媛. 垃圾焚烧发电 PPP 项目政府补贴价格决策模型研究 [J]. 经济研究参考，2017 (44)：30-34.

[111] 周盛世，张宁，张晓娟. 基于 Shapley 值法的地铁施工 PPP 项目风险分担 [J]. 土木工程与管理学报，2019，36 (6)：111-117.

[112] 朱纪华. 协同治理：新时期我国公共管理范式的创新与路径 [J]. 上海市经济管理干部学院学报，2010，8 (1)：5-10.

[113] 朱庆华，窦一杰. 基于政府补贴分析的绿色供应链管理博弈模型 [J]. 管理科学学报，2011，14 (6)：86-95.

[114] 邹晔. 资源化产品联合定价决策研究 [D]. 西南交通大学硕士学位论文，2016.